国家自然科学基金面上项目（52075535）

江苏高校优势学科建设工程资助项目

筛分和破碎机械的离散元法模拟优化设计

◉ 赵啦啦 著

大连理工大学出版社

图书在版编目(CIP)数据

筛分和破碎机械的离散元法模拟优化设计 / 赵啦啦
著. -- 大连：大连理工大学出版社，2021.11
ISBN 978-7-5685-3373-7

Ⅰ. ①筛… Ⅱ. ①赵… Ⅲ. ①筛分机－最优设计②破
碎机－最优设计 Ⅳ. ①TD45

中国版本图书馆 CIP 数据核字(2021)第 223093 号

大连理工大学出版社出版
地址：大连市软件园路 80 号　邮政编码：116023
发行：0411-84708842　邮购：0411-84708943　传真：0411-84701466
E-mail：dutp@dutp.cn　URL：http://dutp.dlut.edu.cn
大连永盛印业有限公司印刷　　　　大连理工大学出版社发行

幅面尺寸：185mm×260mm　　印张：11　　字数：254 千字
2021 年 11 月第 1 版　　　　2021 年 11 月第 1 次印刷

责任编辑：王晓历　　　　　　　　　　责任校对：孙兴乐
封面设计：张　莹

ISBN 978-7-5685-3373-7　　　　　　定　价：38.00 元

前　言

　　筛分和破碎过程理论是研制筛分和破碎设备的基础理论,具有重要的工程实际意义。为此,本书基于离散元法(Discrete Element Method, DEM)对筛分和破碎过程机理进行了数值模拟和试验研究,主要内容如下:

　　利用 Stream DEM 软件对料斗的颗粒充填过程进行了数值模拟,比较了基于 CPU和基于 GPU 加速算法的模拟过程。为验证筛分过程 DEM 模拟研究的可靠性,在自制振动筛模型机上开展了试验研究,将筛分效率、不同粒级颗粒在筛面上的运动轨迹以及筛面颗粒运动速度的试验结果与 DEM 模拟结果进行了比较。对圆振动筛分过程进行了DEM 模拟研究,分析了振动频率、筛面倾角、振幅和筛面长度等参数对筛面颗粒跳动次数、部分筛分效率以及筛面颗粒运动速度的影响机理,并将 DEM 模拟结果与理论值进行对比。在自制振动筛模型机上进行了筛分过程试验研究,研究了振动参数对部分筛分效率、筛面颗粒运动速度以及筛面颗粒的跳动次数的影响规律,并与理论值比较。在数值模拟和试验研究的基础上,利用 MATLAB 软件对筛分过程数学模型进行了参数优化。

　　本书开展了滚轴筛的筛分过程 DEM 模拟研究,分析了筛轴转速、筛面倾角和黏附能量密度对球形颗粒和非球形颗粒的筛分过程影响规律。利用分段筛面实现了滚轴筛的等厚筛分,模拟研究了 4 组分段式筛面滚轴筛的筛分过程,并与同条件下的直线筛面滚轴筛进行了比较,探究了颗粒形状、筛轴转速和黏附能量密度对分段筛面滚轴筛的筛分过程影响规律。基于 Hertz-Mindlin with Archard Wear 模型和 Relative Wear 模型,研究了渐开线形盘片的累积接触能量和磨损深度,分析了盘片滚齿顶端的切向累积接触力和法向累积接触力,并比较了渐开线形、梅花形和三角形盘片滚轴筛的筛分过程,以及盘片滚齿顶端的磨损深度。

　　本书研制了辊式破碎机的试验模型机,并利用试验和数值模拟方法对矿物颗粒的破碎过程进行了研究,分析了不同工况下的破碎产品质量以及破碎过程中物料与破碎齿环之间的相互作用机理。本书对单颗粒物料和多颗粒物料的破碎过程进行了离散元法数值模拟,研究了破碎齿环排布形式以及破碎齿辊转速对破碎过程的影响,并对破碎产物粒径分布情况以及模拟过程中 Bonding 键的断裂情况进行了分析。还对矿物颗粒的破碎过程进行了耦合模拟分析,研究了螺旋排布式齿辊转速为 150 r/min 时的应力和应变情况。同时对矿物颗粒的破碎过程进行了理论分析,建立了矿物颗粒破碎过程中破碎齿环齿尖的冲击力学模型,并对矿物颗粒破碎过程的动态侵彻过程进行了数值模拟,分析了破碎齿辊转速不同时,齿环齿尖所承受的冲击力变化规律。

本书的研究工作得到了国家自然科学基金面上项目(52075535)和江苏高校优势学科建设工程资助项目的资助,在此一并致谢。

由于作者水平有限,难免出现不足之处,敬请读者批评指正。

编 者

2021 年 11 月

所有意见和建议请发往:dutpbk@163.com

欢迎访问高教数字化服务平台:http://hep.dutpbook.com

联系电话:0411-84708445 84708462

目　录

第1章

绪 论

1.1 研究背景与意义

煤炭是我国重要的基础能源,占我国能源消费总量的50％以上,有力地支撑着国民经济的稳定发展和国家的能源安全。自从国家发展改革委在2019年5月发布了《关于做好2019年重点领域化解过剩产能工作的通知》等一系列政策之后,我国煤矿年产量便一直呈现上升趋势,一批在安全、技术、规模、环保、经营等方面不达标的小型煤炭企业陆续退出市场,取而代之的是大批年产量达到上千万吨的大型煤矿。然而,在煤炭加工、利用过程中,由于存在原煤质量差、加工利用程度低等问题,煤炭资源的浪费和环境污染仍较严重。

提高煤炭的利用率、发展洁净煤技术是我国能源战略的重要方向[1]。近年来,随着煤炭需求量的增加,对大处理量、高效率的筛分机械的需求量也大幅提升。在煤炭加工行业,筛分技术和煤炭分选技术相辅相成,占同等重要的地位[2-4]。筛分是使物料通过一层或数层筛板,按筛孔大小分成不同粒度级别产品的过程[5]。筛分不但在矿物加工过程中起着非常重要的作用,在建筑施工、食品加工、农业生产等领域也被广泛地使用[6-8]。

颗粒物质的振动筛分是一个复杂的过程,受到多方面因素的影响,主要包括物料颗粒的性质、筛分机的工艺结构和运动学参数等。物料颗粒在外部激励的作用下表现出尺寸分离、混合、对流以及表面驻波等多种复杂的运动行为,研究颗粒系统的运动机理是当前的一个研究热点,具有重大的科学意义和工程应用价值[9-11]。筛分理论的研究对于筛分设备的发展与改进,以及新型筛分设备的研制均具有重要的指导作用[12-14]。然而,目前仍没有一套完整的理论来解释颗粒物质的力学行为,针对颗粒物质的运动行为研究已成为一个科学难题并逐渐形成一门学科[15-17]。

矿物加工与国民经济的发展息息相关,是国民经济的基础产业,不仅要为其他领域提供原材料,同时还要确保自身的可持续发展[18]。在矿物加工过程中,矿石破碎是其中的首要工艺环节,其主要任务是充分解离出矿石中的有用成分,增大物料的比表面积,为后续的加工、处理和使用提供粒度适中的颗粒[19-21]。

矿物颗粒在破碎设备中发生破碎也是一个复杂的过程,它受很多因素的影响,主要包括物料的物化性质、破碎设备的结构参数以及动力学参数等。同时,矿石颗粒破碎过程中破碎设备和物料间的相互作用会对破碎设备造成磨损,从而严重影响破碎设备的工作性能及产品质量,导致能耗和生产成本的提高[22]。物料在破碎设备的外力作用下表现出裂纹扩展、内部裂隙被压缩以及部分物料被剥离等多种行为。目前,虽然关于破碎机理的假说很多,但仍没有完整的理论解释物料的破碎行为。另外,由于破碎过程中的某些参数,如物料粒级的分布情况、矿石的微观变化、物料与设备的接触力以及功能关系等难以获得,因此在建立预测破碎设备磨损情况的数学模型时,往往会忽略这些参数,从而使得模型难以真实地反映破碎过程。因此,新型破碎理论的研究和破碎设备的研制仍然是矿物加工和矿山机械领域的热点问题,具有重要的理论意义和工程应用价值[23,24]。

离散元法(Discrete Element Method,DEM)是 20 世纪 70 年代发展起来的用于计算散体介质系统力学行为的一种数值方法[25]。近年来,DEM 在岩土工程、采矿工程、矿物加工、物料分选等散体工程领域取得了广泛的应用[26-28],其核心是帮助人们理解离散颗粒物质的微观及宏观特性之间的关系[29]。随着 DEM 理论的发展,实现了离散元法与其他模拟方法(如多体动力学、流体力学、有限元分析等)的耦合仿真,极大地扩展了其研究范围[28,30-32]。有限元法(Finite Element Method,FEM)是 20 世纪 60 年代提出的用于结构力学的计算方法[33,34],为复杂结构的应力-应变等提供了解决方案。

本书将离散元法应用于筛分过程的数值模拟研究中,通过 DEM 数值模拟与物理试验相结合的方法,一方面验证 DEM 数值模拟结果的可靠性,另一方面研究筛分过程中各参数对筛分效率以及筛面颗粒运动速度的影响机理,并进行参数优化,为筛分设备的研制和开发提供理论依据。利用离散元法和有限元法相耦合的方法对破碎过程进行数值模拟研究,并结合物理试验研究破碎过程中物料与设备间的相互作用以及破碎机理,进一步理解物料破碎过程中的宏观力学行为,建立更符合实际工况的破碎模型,为破碎理论以及破碎设备的发展提供理论依据[35-37]。

1.2 筛分过程数学模型及理论发展

1.2.1 筛分过程数学模型

物料筛分是一个复杂的随机过程,其基本原理是物料颗粒的透筛概率理论。影响颗粒透筛概率的因素很多,其中最主要的因素有三个方面:物料的性质、筛分机的工艺结构和筛分机的运动学参数[38]。为了确定筛分参数对筛分过程的影响机理,从而对筛分设备进行优化设计,大量研究者根据理论和实践经验推导出一系列的筛分过程数学模型。

1.概率学模型

筛分过程的概率学模型以单颗粒的透筛概率理论为基础,反映颗粒与筛网碰撞后的透筛情况。在颗粒透筛理论研究方面,20 世纪 40 年代 Gaudin[39]就提出了单颗粒透筛概率理论,Targgart 也同期提出单颗粒的概率透筛理论[40]。Gaudin 和 Targgart 从颗粒大小和筛孔尺寸的关系出发,提出单个颗粒垂直投射水平筛面时的透筛概率,奠定了物料筛分的理论基础,即

$$P = \frac{(a-d)^2}{(a+b)^2} \tag{1-1}$$

式中　a——筛孔尺寸,mm;

　　　b——筛丝直径,mm;

　　　d——颗粒粒度,mm。

颗粒在筛面上 n 次弹跳而不透筛的概率为

$$E(x) = (1-P)^n = \left[1 - \frac{(a-x)^2}{(a+b)^2} \right]^n \tag{1-2}$$

式中　$E(x)$——颗粒在筛面上 n 次弹跳而不透筛的概率;

　　　x——颗粒粒度,mm。

1965 年,瑞典学者 Mogensen[41]用统计学的方法研究筛面倾角对颗粒透筛的影响,如图 1-1 所示。

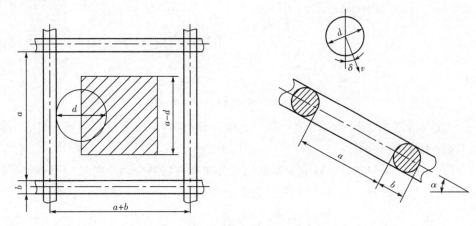

图 1-1　倾斜筛面上单颗粒透筛原理

球形颗粒落到倾斜筛面上的理论透筛概率 P 的计算公式为

$$P = \frac{(a+\varphi b-d)\left[(a+b)\cos(\alpha+\delta)-(1-\varphi)b-d\right]}{(a+b)^2\cos(\alpha+\delta)} \tag{1-3}$$

式中　a——筛孔尺寸,mm;

　　　b——筛丝直径,mm;

　　　α——筛面倾角,(°);

　　　δ——物料下落方向与铅垂线的夹角,(°);

　　　d——物料颗粒粒度,mm;

　　　φ——物料与筛丝碰撞后仍能落入筛孔的系数,其计算公式为

$$\varphi = e^{-2.84\left(\frac{d}{a}+0.255\right)} \tag{1-4}$$

同时,Mogensen 还研究了物料透过多层筛面的过程(图 1-2),推导出颗粒透过 n 层筛面的颗粒量的计算公式,即

$$q=\frac{(m+n-2)!}{(m-1)!\ (n-1)!}P^n(1-P)^{m-1} \tag{1-5}$$

式中　q——颗粒透过 n 层筛面的数量;

　　　m——颗粒跳动次数;

　　　n——筛面层数;

　　　P——颗粒进入筛下的透筛概率。

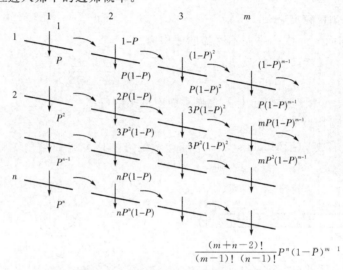

图 1-2　等透筛概率筛面上的物料筛分过程

摩根生筛分机便是基于该理论研制的一种筛分机械,具有单位筛面处理量大、体积小、质量轻、不易堵孔等优点。

Brereton 等[42,43]将筛分过程分为厚料层筛分和薄料层筛分两个阶段,分别对应筛面的前半部分和后半部分,其建立的筛分数学模型为

$$\begin{cases} w(L)=Pw_c nL & L<L_c \\ w(L)=100-w_c(1-P)n^{(L-L_c)} & L\geqslant L_c \end{cases} \tag{1-6}$$

式中　n——颗粒在筛面上前进单位长度时与筛面的碰撞次数;

　　　L——筛面长度,mm;

　　　L_c——厚料层筛分与薄料层筛分的分界长度,mm;

　　　w_c——形成临界床层厚度时的给料量,kg。

闻邦椿[44]认为物料颗粒的实际透筛概率不仅与物料颗粒的形状有关,还与筛分过程中物料层的厚度、物料颗粒中的含水量以及含泥量等因素有关,通过对理论透筛概率 P_t 进行修正,得到物料颗粒的实际透筛概率 P_p 的计算公式,即

$$P_p=\gamma_p\gamma_h\gamma_w P_t \tag{1-7}$$

式中　γ_p——物料颗粒形状对透筛概率的影响系数;

γ_h——物料层厚度对透筛概率的影响系数；

γ_w——物料含水量以及含泥量对透筛概率的影响系数。

陈清如和赵跃民[38]在概率筛模型机上进行了大量的半工业化试验，总结出煤用概率筛的数学模型，即

$$E(x)=\begin{cases}\mathrm{e}^{-A\left(P+\frac{P^2}{2}+\frac{P^3}{3}+\frac{P^4}{4}\right)} & x\geqslant x_0\\[2mm]\dfrac{C}{x^D} & 0<x<x_0\end{cases} \qquad (1\text{-}8)$$

$$P=\frac{(a-x)[(a+b)B-b-x]}{(a+b)^2 B}$$

式中 x——颗粒粒度，mm；

x_0——临界颗粒粒度，mm；

a——筛孔尺寸，mm；

b——筛丝直径，mm；

A——颗粒透筛前在筛面上的跳动次数；

B——颗粒下落方向角和筛面倾角的系数；

C,D——颗粒黏附系数；

P——筛面颗粒的透筛概率。

2. 动力学模型

动力学模型以颗粒群为研究对象，建立筛分效率和筛分时间的关系，其数学描述为

$$\frac{\mathrm{d}(W_0-W)}{\mathrm{d}t}=KW \qquad (1\text{-}9)$$

式中 W_0——原料中筛下物料的质量，kg；

W——筛上物中所含筛下物的瞬时质量，kg；

t——筛分时间，s；

K——比例系数，取决于物料性质及筛面的运动性质。

对式(1-9)积分，可以得到筛分动力学方程，即

$$E=\frac{W}{W_0}=\exp(-Kt) \qquad (1\text{-}10)$$

式中 E——筛下粒级物料在筛上产品中的分配率，%。

在工程实践中，式(1-10)仅适用于薄层筛分的情况，不能在各种工作条件下使用，因其存在一定的局限性。

Richer 等对式(1-10)进行了修正，得出

$$E=\exp(-Kt^n) \qquad (1\text{-}11)$$

式中 n——筛面层数，其值取决于筛分机的工作条件。

在实际应用中，如果能够确定 K,n 在不同工作条件下同粒度的关系式，式(1-11)就

能得到更好的应用。

筛分过程的概率模型是以单颗粒研究为前提建立的,没有考虑颗粒群的透筛行为,动力学模型以颗粒群为研究对象,能够较真实地反映筛分过程,但是在实际的应用中,模型的系数难以确定,在筛分技术和筛分设备的改进和创新研究及应用中存在一定的局限。此外,上述筛分过程模型大都是现象模型,缺少对筛分过程中颗粒运动微观机理的理解。而现有的试验技术和试验设备很难获取物料颗粒间的作用力以及能量损耗等微观信息。因此,计算机数值模拟研究技术应运而生,近期的筛分理论研究大都是建立在数值模拟的基础上进行的物料颗粒运动机理研究。

1.2.2 筛分理论发展

在筛分作业中,常用的筛分设备为普通振动筛,其运动轨迹分为直线、圆和椭圆三种形式。对于普通振动筛,由于在入料端颗粒粒度分布较广,因此筛面传给物料的能量损失较为严重,物料大量堆积在给料端,影响分层、透筛效果。随着颗粒由入料端向出料端运动,物料粒度趋于均匀,能量损失减少,物料颗粒运动速度和振幅增大。因此,普通振动筛入料端的料层厚度较大,而出料端的料层厚度较小,从而导致普通振动筛的筛分效率和处理能力受到限制。

谷庆宝等[45]指出理想筛面运动形式应具备两个条件:①筛面入料端垂直方向的振幅应大于排料端垂直方向的振幅;②沿筛面长度方向,从入料端开始,物料运动速度应为递减状态。以上两点是提高振动筛筛分效率和处理量的必要条件,是筛分技术发展的一个方向。为了使振动筛具备理想筛面运动形式,国内外学者在普通振动筛的基础上提出了等厚筛分技术和双频振动筛分技术。等厚筛采用分段组合筛面或弧形筛面,在入料端筛面具有较大的倾角,在出料端倾角较小,这就使得物料在入料端具有较大的振幅和沿筛面的运动速度,减少入料端物料大量堆积的现象,而在出料端倾角较小,使物料能够实现充分的透筛[46]。虽然等厚筛能够满足理想筛面运动形式,然而由于使用组合筛面,其筛体整体高度很大,同时结构复杂,使用、维修量大,因此存在一定的缺陷。双频振动筛的原理是在入料端和出料端安装不同的振动器,使入料端具有较大的振幅,提高物料颗粒沿筛面的运动速度,而在出料端提供较好的透筛条件[47]。但是,双频振动筛的结构复杂,元件多,调试困难,限制了其在实际中的应用。

近年来,研究者们提出了多种复杂轨迹的等厚筛分方法。刘初升等[48]提出单轴变轨迹等厚筛分方法,其工作原理如图 1-3(a)所示,通过合理设计筛面各点的振动方向角来实现等厚筛分,同时达到简化等厚筛结构的目的。周海沛等[49]介绍了三轴变椭圆轨迹等厚振动筛,并对其进行动力学模拟分析。结果显示,通过改变激振方式能够产生椭圆的运动轨迹,实现物料的等厚筛分。王宏等[50]提出新型四轴强制同步变直线轨迹等厚振动筛并进行了结构动态分析。朱维兵等[51]设计了一种复合轨迹振动筛,通过改变激振力作用线的位置,实现抛掷指数从入料端到出料端逐渐减小,满足理想筛面运动形式。侯勇俊等[52]提出变直线振动筛概念,其工作原理如图 1-3(b)所示,使激振力偏离振动筛的质心,筛箱的运动变成质心的直线运动和绕质心旋转的合成运动,筛面上任意一点的轨迹均为直线,且不同位置点的运动轨迹的斜率和振幅都不同,通过调节激振力与筛面的相对位置增大筛机的处理功能。

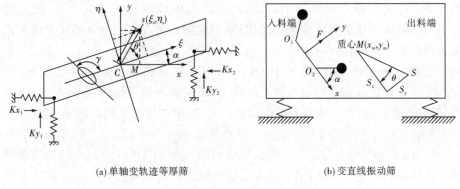

(a) 单轴变轨迹等厚筛   (b) 变直线振动筛

图 1-3 变轨迹等厚筛的工作原理

1.3 DEM 在颗粒物料研究中的应用

DEM 是 20 世纪 70 年代发展起来的用于计算散体力学行为的数值方法,在岩土工程、采矿工程、矿物加工等多个领域中得到了成功的应用,有助于研究离散颗粒物质的宏观以及微观信息[53-55]。

1.3.1 DEM 在散体物料中的应用

DEM 在颗粒技术研究中的优越性,使其在岩土、矿冶、农业食品、化工、制药和环境等领域得到了广泛的应用[56]。在土力学试验研究方面,蒋明镜等[57]通过引入能源土微观接触模型的离散元双轴试验,检验了反压对能源土力学特性的影响机理,并进一步探讨能源土宏观力学特性随反压的变化规律。蒋明镜和孙渝刚[58]利用 DEM 对胶结砂土颗粒间胶结作用的力学特性进行了平面应变双轴压缩试验模拟,所得 DEM 数值模拟结果能够有效地反映胶结砂土的主要力学特性。在散体流动研究方面,徐国元等[59]利用刚体离散元原理和方法,研究多种放矿制度下覆盖岩层和矿石的相互作用和界面动态变化过程。徐帅等[60]利用颗粒离散元法对急斜薄矿脉崩落矿岩散体的流动规律进行数值模拟,并分析了矿岩摩擦角的变化对放矿过程的影响。在物料混合与分离研究方面,张宏[61]介绍了 DEM 在沥青混合料细观力学方面的研究进展,并阐述了沥青混合料离散元建模方法。Combarros 等[62]将 DEM 应用于固体颗粒的偏析模拟试验分析中,研究了滚动摩擦、滑动摩擦以及回弹系数等对偏析的影响,并将 DEM 模拟结果与试验数据进行对比,验证了模拟结果的可靠性。传统的离散元模型很难对土壤颗粒的运动进行准确的模拟,针对这一问题,Momozu 等[63]通过修正离散元模型对土壤松散行为进行模拟,结果证实了该模型比传统模型更能真实地反映土壤颗粒的运动行为。

选矿是矿物产品加工过程中的重要环节,选矿工程是指通过物理或化学方法将矿物原料中的有用矿和无用矿进行分离,并达到有用矿物相对富集的过程[64]。选矿过程由选前矿石准备作业、选别作业和选后脱水作业等三部分组成。其中,选前矿石准备作业包括破碎筛分作业和磨矿分级作业两个阶段。选别作业是对已经单体解离的矿石采用适当的手段,使有用矿和脉石分离的工序,常用方法有浮选法、磁选法和重选法等。选后脱水作业是通过浓缩、过滤和干燥等工序,去除选后产品中含有的大量水分,方便运输和冶炼[65]。由于DEM具备颗粒运动模拟的优势,因此国内外学者通过DEM对选矿理论进行了大量的模拟研究工作。田瑞霞等[66]介绍了DEM在磨机、筛分作业、颗粒运动特性和其他选矿过程中的应用现状,分析了DEM在散体物料领域研究的特有优势。Cleary等[67]将DEM中的破碎模型应用于颚式破碎机、圆锥破碎机、回转式破碎机、冲击式破碎机、双辊破碎机中,通过模拟能够预估破碎机的尺寸、磨损以及处理能力等,验证了破碎模型的可靠性。Wang等[68]将DEM应用于球磨机工作过程中,研究了颗粒破碎时碰撞能量、能量消耗以及最大冲击能量等因素的影响。Elias[69]将DEM应用于铁路道砟的固结试验中。Djordjevic等[70]利用DEM研究了辊压料床的粉碎模型。Cleary等[71]对粉碎台的DEM模型问题进行了分析和讨论。Jayasundara等[72]利用DEM研究了料浆特性对搅拌研磨装置中颗粒运动的影响。Yang等[73]对搅拌研磨装置中的介质流动进行了DEM模拟分析,并通过试验验证了DEM模拟数据的可靠性。张锐等[74]在传统离散元原理的基础上建立了土壤颗粒的接触非线性力学模型,并应用到不同推土角的推土板对土壤的接触力场、速度场和位移场进行分析。

1.3.2 DEM在物料分选中的应用

物料分选是散体工程中的重要研究内容,物料分选过程是一个极其复杂的过程,目前的试验手段难以对分选过程中颗粒系统的复杂运动进行颗粒级的微观研究。因此,基于DEM的数值模拟研究成为一种重要的研究手段。

1.DEM在颗粒分层理论中的应用

颗粒分层与筛分具有紧密的联系,颗粒分层理论是矿物加工领域的重要研究内容。在筛分过程中,物料通过分层后才能实现透筛,分层是物料透筛的前提。因此,研究颗粒分层理论具有重要的实际意义,同时对于完善筛分理论具有重要的理论指导作用。

利用DEM对颗粒分层理论的研究多采用简单的球形颗粒,很少考虑颗粒形状对分层的影响。Fraige等[75]通过DEM模拟卸料过程中颗粒形状对颗粒分层行为结果的影响,结果表明立方体颗粒的模拟结果更符合实际。Cleary[76]研究颗粒形状对颗粒卸料过程中颗粒速度、体积分数、颗粒温度以及压力分布等参数的影响规律,得出颗粒形状对颗粒的剪切流动和卸料速度都有影响。

针对目前的研究很少关注粒度比等因素对物料分层的影响,赵啦啦等[77]基于DEM软球干接触模型对球形和非球形的颗粒分层过程进行了模拟研究,分析了颗粒的分层机理并讨论了颗粒的粒度比对分层速度的影响规律。张恩来等[78]提出了密实度的定义,并在此基础上得到颗粒松散和分层在理论上的量化关系,为研究筛分参数对颗粒分层及松散提供了指导。

此外,已有大量学者利用DEM研究振幅、频率、粒层厚度等因素对物料分层的影响。例如,李小冬等[79]利用DEM研究不同振动参数,包括振动方向角、振动频率以及振幅下的分层速度与时间的关系,得到了分层效果最好时的振动方向角为 61°,振动频率为 20 Hz,振幅为 2.55 mm,对振动筛的设计提供了理论指导。Liao 等[80]通过试验研究了垂直振动床工作过程中颗粒摩擦系数和粒层厚度对分层的影响,采用高速摄像机获得颗粒的运动数据,同时运用颗粒追踪技术确定颗粒的上升时间,得出颗粒的上升时间与颗粒摩擦系数成正比,与粒层厚度成反比的结论。黄志杰等[81]利用 DEM 模拟了筛丝直径、筛孔尺寸、筛面倾角等结构参数对物料松散的影响机理,研究了进料速度对颗粒分层的影响规律,得到了最佳松散效果时的结构参数以及进料速度。

针对不同振动模式下颗粒的分离机理,国内外学者也做了大量的研究。周迪文等[82-84]对水平振动模式下的颗粒分离进行了研究。Tennakoon 等[85]模拟了沿倾斜方向直线振动条件下的颗粒对流和堆积等现象。Schnauhz 等[86-88]研究了水平圆振动模式下颗粒的分离规律。姜泽辉等[89-92]发现了水平圆振动模式下的三明治、巴西果、反巴西果等现象。赵啦啦等[93]基于 DEM 对球形及胶囊形颗粒在直线、圆、椭圆振动模式下的分层过程进行了数值模拟,并讨论振动强度对各振动模式下颗粒分离形态的影响规律。Liu 等[94]利用 DEM 研究了颗粒在香蕉筛筛板上的运动特性和透筛机理,研究了筛板几何参数对筛分效果的影响。

2.DEM 在筛分理论中的应用

早期的模拟研究由于受计算机软、硬件的限制,多采用二维离散元程序对颗粒筛分机理进行研究。例如,焦红光等[95]基于颗粒离散元理论,利用 VC++.NET 开发了二维离散元模拟程序 SieveDEM,并应用于圆振动筛分作业的模拟研究中。Li 等[96,97]研发了一种简单的二维圆形颗粒 DEM 模型,并用于倾斜静止筛分机的筛分过程模拟研究,分析了筛面上不同区域的颗粒运动、分离机理以及对筛分效率的影响作用。

随着 DEM 模拟技术的发展,Cleary 和 Sawley[98-100]基于三维球模型对垂直振动的方形筛面上的颗粒物料筛分过程进行了 DEM 模拟研究,分析了颗粒的透筛机理。随后,在原有工作的基础上,采用三维 DEM 模拟研究了振动筛的筛分过程中批量的球形、非球形物料颗粒的运动机理,得出颗粒形状对筛分过程具有显著的影响,球形颗粒比非球形颗粒更易发生堵孔现象,球形颗粒的透筛率大于非球形颗粒且透筛率呈近似线性减小,部分粒度大于筛孔尺寸的非球形颗粒可以通过调整方位后通过筛孔成为筛下物等结论。

随着离散元软件与其他分析软件耦合技术的发展,大量学者将其应用于筛分理论的研究。Hong 等[101]通过计算流体力学与颗粒离散元耦合的方法模拟风筛清洗装置中物料颗粒在筛面上的运动过程,得到了风机口风速对物料颗粒纵向速度和垂直速度的影响规律,通过试验验证和数值模拟结果的对比,说明基于 DEM-CFD 耦合的风筛清洗装置的数值模拟是可行的。如图 1-4 所示,Fernandez 等[102,103]利用光滑粒子流体动力学(Smoothed Particle Hydrodynamics,SPH)与离散元耦合对湿颗粒的筛分过程进行模拟研究,为湿颗粒运动行为的模拟研究提供了指导。

针对筛分过程中不同振动参数对筛分效率的影响机理,国内外学者也做了大量的研究。李洪昌等[104]以水稻籽粒和茎秆为筛分对象,基于 DEM 模拟研究了振幅、频率和振动方向角等运动学参数对振动筛筛分效率的影响规律,通过试验数据与 DEM 模拟数据进行对比,验证了振动筛分过程 DEM 模拟结果的可靠性。Wang 等[105]利用 DEM 模拟

图 1-4 双层香蕉筛筛分过程的 SPH-DEM 模拟

研究了不同筛分参数对筛分效率的影响,通过拟合得到最佳筛分效率下的各振动参数值,为振动筛的设计提供了理论基础。Chen 等[106]和江海深等[107]研究筛面长度对筛分效率的影响,指出筛面长度增大到一定值时,筛分效率保持稳定且筛分效率与筛面长度之间符合 Boltzmann(玻尔兹曼)方程,并得出方孔筛的筛分效率要高于圆孔筛的筛分效率的结论。赵啦啦[29]提出动态筛分效率的概念,将其作为物料筛分效果的衡量指标,并通过 DEM 分析振动参数(筛面倾角、振幅和抛掷指数等)对直线、圆和椭圆振动筛面上颗粒群的运动速度以及筛分效率的影响。李菊等[108]建立筛面、稻谷籽粒和短径秆模型,通过离散元软件分析了不同运动形式的三维振动筛面对筛分效率和清洁率的影响规律,为并联振动筛的研究提供了参考依据。

筛分过程中难筛分颗粒的堵孔机理研究是一个重要的课题。Tung 等[109]将离散元法应用于颗粒堵孔理论的研究,采用 3D 编织网结构取代 2D 珠状网进行模拟试验,研究粒径大小以及筛网的种类对堵孔的影响,分析各粒径组合对堵孔程度的影响。王宏等[110]构建难筛颗粒透筛模型,并采用三维 DEM 进行等厚筛的筛分模拟,分析了筛面倾角、振动方向角和振动强度对等厚筛分效率和筛分完成时间的影响机理。

基于 DEM 的模拟研究为机械设备的优化设计提供了重要的指导作用。汪晓华等[111]利用正交试验的方法模拟研究了回转半径、回转速度和筛面倾角等因素对平面圆筛机筛净率的影响规律,得到最佳筛分效率下各个筛分参数值。隋占峰[112]利用 Solid-Works 创建了振动螺旋干法分选机的三维模型,利用 DEM 对振动螺旋干法分选机的结构进行了优化分析。原丽丽[113]采用 DEM 对联合收割机清洗筛进行了研究,实现了振动筛的曲柄转速、筛面倾斜角、后吊杆长度以及筛面大小等参数的优化。

为了验证基于 DEM 的筛分过程模拟数据的准确性和可靠性,Delaney 等[114]采用球状颗粒模型对直线振动筛的筛分过程进行了模拟研究,并利用相应的物理样机开展了筛分试验,通过对比得出了 DEM 能够很好地应用于筛分机模拟研究的结论。刘光焕等[115]介绍了离散元法在筛分理论中的应用,总结了离散元模拟结果与试验结果存在偏差的原因,主要包括颗粒形状、模拟参数、给料和粒度等因素,同时指出随着离散元理论的完善,离散元法会为筛分理论和振动形式的研究提供坚实的基础。

早期的筛分过程模拟研究仅限于简单的筛分过程,针对香蕉筛等复杂筛分过程的研究较少。Dong 等[116]对具有三层和五层筛面的香蕉筛的筛分过程开展了 DEM 模拟研究,分析了沿筛板的颗粒运动速度和体积分布,为研究复杂筛分过程中的颗粒运动规律提供了参考。江海深等[117]采用 DEM 对等厚筛分效率进行模拟试验,得到了排料端倾角、振动方向角和振动强度对筛分效率影响的交互作用。Xiao 等[118]根据手工筛选的原则提出一种新的振动类型和运动特征的筛分形式,利用 DEM 对颗粒进行跟踪,研究不同频率值和偏转角作用下的筛分效率,并通过最小二乘法对筛分效率的函数关系进行参数拟合。结果表明,与直线振动筛相比,这种筛分形式的筛分效率和处理量都得到了有效的提高。赵吉坤等[119]对土壤颗粒四级筛分的二维及三维模型进行了 DEM 模拟研究,对筛面颗粒的运动速度和轨迹进行非线性分析,研究结果表明粒径较小的颗粒在 z 向的速度比大颗粒高。Dong 等[120]对直线、圆和椭圆三种振动形式下的筛分过程进行了 DEM 数值模拟,对三种振动形式下颗粒沿筛面的运动速度和振动筛的筛分效率进行了比较。

1.4 破碎理论及其发展

1.4.1 破碎理论概述

在破碎物料过程中,破碎设备对物料施加作用力将其破碎,物料颗粒之间也会相互作用而产生破碎。这种作用力的种类包括压力、弯曲、剪切、劈裂、研磨和冲击等[121-123]。在破碎设备中,物料的受力情况复杂,往往是几种作用力同时存在的,如图 1-5 所示。

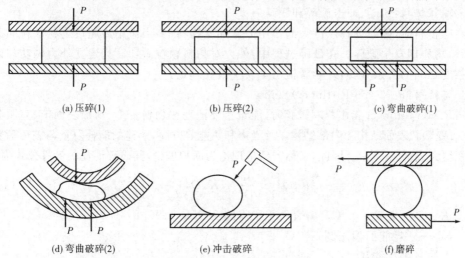

(a) 压碎(1)　　　　(b) 压碎(2)　　　　(c) 弯曲破碎(1)

(d) 弯曲破碎(2)　　　　(e) 冲击破碎　　　　(f) 磨碎

图 1-5　破碎设备对物料的作用力类型

需要破碎的物料大多数是脆性的,形状通常是不规则的,并且与破碎工具接触的相对位置也是随机的。为了使破碎工具能够更好地"咬住"物料,减小破碎阻力或者减少过粉碎,往往在破碎工具上设计出不同的刃型齿牙。破碎作业开始时,在齿牙附近发生破碎并产生一些碎末。齿牙继续施力于物料会出现较大的裂缝,使物料发生整体破碎,其过程如图 1-6 所示。

在物料破碎过程中,裂缝的产生及其位置至关重要。另外,由于脆性物料的抗拉与抗剪强度远低于抗压强度,因此破碎时产生的裂缝方向往往沿着施力方向或者与施力方向呈 45°[21,124],破碎所产生的裂缝如图 1-7 所示。

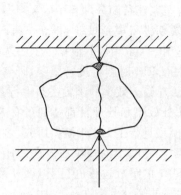

图 1-6　局部破碎和整体破碎　　　　　　图 1-7　破碎所产生的裂缝

物料的物化性质以及粒级分布情况是选择破碎设备时所考虑的主要参数,破碎不同物料时的具体作用力情况如下[125]:

①较大或者中等粒度的脆性物料:压碎或者冲击破碎,破碎工具上往往带有不同形状的齿牙,用以"咬住"物料,减小破碎阻力。

②粒级较小的脆性物料:压碎、冲击破碎,破碎工具没有齿牙,表面光滑。

③弱腐蚀性物料:冲击破碎、劈裂破碎和研磨破碎,破碎工具有尖锐齿牙。

④强腐蚀性物料:压碎,破碎工具光滑。

⑤韧性物料:剪切、快速冲击。

⑥粉状物料:研磨、冲击破碎和压碎。

破碎物料时,破碎设备以巨大的作用力施加于物料上,当作用力超过物料颗粒间的结合力时,物料即发生破碎。在破碎过程中,外力对物料颗粒做功。为建立外力做功与破碎产品粒度之间的关系,国内外学者提出了若干破碎理论。

1. 雷廷格(P. R. von Rittinger)理论

P. R. von Rittinger 指出物料破碎时,能量主要消耗在物料变形、增加表面能、克服各种摩擦、改变颗粒表面结构和内部结构以及噪声和热能等方面,上述的能耗总量与破碎后物料表面积增大成正比[23,126]。因此,又称雷廷格理论为面积理论,其破碎能耗的计算公式为

$$A = -2K_1 Q \int_{D_{pj}}^{d_{pj}} \frac{\mathrm{d}D}{D^2} = K_R Q \left(\frac{1}{d_{pj}} - \frac{1}{D_{pj}} \right) \qquad (1\text{-}12)$$

式中　　K_R——生成一个单位新表面积所需的功,$K_R = 2K_1$;

K_1——耗能面积比例系数;

A——破碎能耗,J;

Q——破碎物料的体积,m^3;

D——理想立方体形状物料块的边长,mm;

D_{pj}——物料破碎前的平均直径,mm;

d_{pj}——物料破碎后的平均直径,mm。

$$D_{pj} = \sum W / (\sum W / \sqrt{D}) \qquad (1\text{-}13)$$

$$d_{pj} = \sum W / (\sum W / \sqrt{d}) \qquad (1\text{-}14)$$

式中　　W——窄粒级中颗粒的质量,kg;

d——由筛分分析得到的窄粒级的平均直径,mm。

由于面积假说只考虑了产生新的表面所消耗的功,因此,式(1-12)只适用于计算破碎比较大时的破碎总功耗,即只能估算磨矿作业中的功耗。

2. 基克(Kick)理论

Kick 指出破碎设备作用于物料上的外力使颗粒变形并且对颗粒做了变形功,从而导致颗粒破碎。该理论认为,外力所做的功同颗粒的体积成正比[126]。因此,又称基克理论为体积理论,其数学表达式为

$$A = -3K_2Q\int_{D_{pj}}^{d_{pj}}\frac{\mathrm{d}D}{D} = K_RQ\ln\frac{D_{pj}}{d_{pj}} \tag{1-15}$$

式中　K_R——破碎一个单位体积的物体所需的功,$K_R = 3K_2$;

　　　K_2——耗能体积比例系数;

　　　D_{pj}——物料破碎前的平均直径,mm;

　　　d_{pj}——物料破碎后的平均直径,mm。

$$\ln D_{pj} = \sum W\ln D/\sum W \tag{1-16}$$

$$\ln d_{pj} = \sum W\ln D/\sum W \tag{1-17}$$

该理论基于比例相似关系,即破碎消耗的能量正比于颗粒体积,而破碎后颗粒粒度的减小倍数也成相似比例。由于体积假说只考虑了变形功,因此式(1-15)只适用于估算粗碎和中碎时的破碎总功耗。

3. 邦德(F. C. Bond)理论

1952 年,F. C. Bond 在面积理论和体积理论的基础上重新分析破碎过程中的能耗和物料的关系,指出当破碎设备和物料接触时,其作用力首先使待破碎物料发生变形,随着破碎力的继续作用,物料的变形量逐渐增加,当变形量超过物料的变形极限后物料会产生裂纹。此时,破碎力继续作用,物料上的裂纹会继续扩展,当裂纹扩展到一定程度后物料发生破碎[23]。F. C. Bond 认为破碎作业中的能耗不仅增大了破碎物料的面积并减小了其体积,还和物料上产生的裂纹有关,因此又称邦德理论为裂缝假说,其数学表达式为

$$A = -2.5K_3Q\int_{D_{pj}}^{d_{pj}}\frac{\mathrm{d}D}{D^{1.5}} = 5K_3Q\left(\frac{1}{\sqrt{d_{pj}}} - \frac{1}{\sqrt{D_{pj}}}\right)$$

$$= K_BQ\left(\frac{1}{\sqrt{d_{pj}}} - \frac{1}{\sqrt{D_{pj}}}\right) \tag{1-18}$$

式中　K_B——破碎单位物体所需的功,$K_B = 5K_3$;

　　　K_3——比例系数;

　　　Q——破碎物料的体积,m^3。

破碎前、后的物料平均直径分别为

$$D_{pj} = \left[\sum W/\left(\sum W/\sqrt{D}\right)\right]^2 \tag{1-19}$$

$$d_{pj} = \left[\sum W/\left(\sum W/\sqrt{d}\right)\right]^2 \tag{1-20}$$

F. C. Bond 认为,破碎物料消耗的功与物料的体积和表面积的集合平均值的增量成正比,式(1-18)适用于近似确定破碎过程中的总功耗。

4. 层压破碎理论

20 世纪 80 年代,人们在单颗粒破碎试验过程中发现,在正常空气压强下,初次破碎的产物与金属破碎衬板发生撞击后会再次出现明显的破碎。经测算得出,初次破碎的物料碎片所具有的动能约占全部破碎能量的 45%。因此有人指出,有效地利用二次破碎能量可以在很大程度上提高破碎效率,同时将冲击力和挤压力对颗粒层的破碎效果进行了对比分析,指出较小的连续挤压作用比短暂的强烈冲击作用更能有效地破碎物料[23,126]。因此,在破碎过程中应该多用静压破碎,少用冲击破碎,可以降低能耗,提高破碎效率。对于大量脆性物料,在受到 50 MPa 以上的连续挤压作用时,就能利用物料层挤压实现破碎,降低能耗[127]。基于这种现象形成的破碎理论称为层压破碎理论。

与传统的挤压破碎理论不同,层压破碎理论不仅认为物料的破碎发生在物料与衬板之间,同时认为物料与物料之间也存在着大量的破碎。其特征在于,在破碎设备的有效破碎空间中形成高密度的物料层,充分利用层压破碎提高破碎效率。

5. 自冲击破碎理论

20 世纪 80 年代,新西兰研究人员提出了自冲击破碎理论。与传统法破碎理论不同,该理论认为物料破碎可以是物料与物料之间冲击作用的结果[127]。在自冲击破碎设备中,一部分物料通过高速装置获得动能,与另外一部分自由下落的物料碰撞,从而发生破碎。物料在碰撞破碎的同时也会进行能量传递,直到物料所具有的动能完全消耗并脱离破碎作业空间,经排料口排出。由于破碎过程中物料之间进行能量交换,因此提高了能量的利用效率。

自冲击破碎理论的显著特点是破碎主要是物料与物料之间相互冲击、碰撞作用的结果,在很大程度上减轻了设备的磨损,延长了设备的使用时间,降低了维修成本。破碎过程中的小颗粒动能较小,破碎可能性降低了,在很大程度上减少了过粉碎现象。

1.4.2 破碎理论研究现状

在矿石破碎过程中,矿石的物化性质对破碎行为的影响至关重要。为了得到相关物料的力学参数、物料破碎概率、产品的形状以及产品粒级分布情况,2004 年,德国弗莱贝格工业大学的 Georg 等[128]基于挤压原理搭建了测试脆性物料粗碎情况的试验设备,进行了破碎机理的研究。该研究丰富了挤压破碎原理的基础理论,为破碎工艺以及破碎设备的优化提供了技术支撑。在 Georg 等的研究基础上,黄冬明等[129]利用 RMT-150B 岩石力学试验系统对挤压类破碎机层压破碎过程进行了模拟试验,分析了挤压类破碎机的产品粒级分布情况,结合选择函数模型和破碎函数模型建立了挤压类破碎设备层压破碎产品粒级分布的优化模型,为模拟优化破碎产品粒级奠定了基础。为了进一步提高破碎效率,Ito 等[130]提出了利用电解离破碎矿石的方法,通过试验对比了电解离破碎过程和辊式破碎机的破碎过程,指出在电解离过程中,破碎首先出现在原煤中不同物质的连接处,能够更充分地将原煤中的有用物质和废弃物解离出来。相较于辊式破碎机,电解离可以更有效地实现原煤的破碎。次年,Olaleye[131]针对矿石的力学参数对破碎时间以及产品的粒级分布的影响,研究了颚式破碎机的破碎过程,通过对花岗岩和白云石进行不定向挤压和点载荷测试,得出了两种矿石的力学参数及破碎时间和产品粒级分布情况,指出不同矿石的力学参数对破碎时间有着显著的影响。随着离散元法的发展,2015 年,Hanley 等[132]利用离散元法模拟了颗粒物料在挤压和剪切作用下的破碎过程,并对其力学特性进行了量化研究,建立了颗粒的破碎仿真模型,并验证了模型的可靠性,分析了不同情况下物料破碎的原因。同年,为了更精确地预测物料的破碎行为,Liburkin 等[133]研究了单个颗粒的破碎和在挤压作用下微小颗粒分层行为之间的关系,并在此基础上提出了单向施加挤压力时的颗粒破碎模型,通过对比模拟和试验分析结果,验证了该颗粒破碎模型在一定范围内可以较高精度地预测颗粒的破碎行为。

除了上述关于矿石物化性质对破碎过程的影响之外,国内外很多研究人员还针对矿石的几何形状和微观结构对破碎过程的影响进行了研究。为了分析物料的不同形状对破碎过程的影响,Unland 等[121]对球形颗粒、立方体颗粒、盘状颗粒和针状颗粒等七种形状颗粒进行了冲击试验,研究了破碎过程中的接触时间、接触力、接触能量以及破碎后的粒级分布情况。结果表明,颗粒的形状对破碎参数的影响十分显著,其中球形颗粒和立方体颗粒的接触力和接触载荷最大,接触时间最短。同年,Bagherzadeh 等[134]分别利用离散元法和有限元法对有棱角的矿石破碎进行了数值模拟,分析了破碎过程中的微观力学行为,研究了矿石微观结构以及围压荷载对破碎的影响。为了进一步探究矿石微观结构对破碎过程的影响,Russell 等[135]应用简单的空间均质技术消除了黏结颗粒各向异性对破碎的影响,并利用物料的不稳定机制和破碎机制得到了物料破碎时的空间应力分布,研究了脆性物料破碎时的接触应力及其分布情况。徐佩华等[136]分析了离散元法中有关颗粒破碎的内容,主要包括颗粒碎裂准则、颗粒破碎与破碎动力学的关系、宏观颗粒的发展、块体碰撞损伤与碎裂等,为岩石工程及矿物破碎领域的研究提供了参考。在以上研究的基础上,Zhou 等[126]提出了一种预测物料在单向受压情况下破碎概率的方法,该方法引入了正张应力指数和直径指数用以量化物料及产品的相关数据,并将该方法用在了破碎过程的离散元模拟,通过将数值模拟结果与试验结果进行拟合验证了该方法的合理性。为了总结矿石结构和破碎机理之间的关系,Tavares 和 Das[24]在裂缝假说的基础上,分析了单物料颗粒的裂纹以及颗粒大小对设备应力的影响,总结出了矿石结构的微观形态和几何形状对破碎过程的影响,但由于试验设备的原因,该结论有一定的局限性。

破碎设备决定了破碎原理及破碎产物的质量等,因此在研究破碎的过程中,不可避免地要研究不同设备的破碎原理。为了分析矿石在颚式破碎机中的破碎过程,雷强[137]利用离散元软件 EDEM 进行了动态模拟,研究了颚板行程、孔隙率等因素对破碎过程的影响。Xie 等[138]对比分析了煤炭在颚式破碎机和球磨机中的解离特性,指出煤炭在颚式破碎机中的解离程度比球磨机中的解离程度要好,颚式破碎机产品的灰分比大约为 11%,球磨机中产品的灰分比大概为 20%。2015 年,Delaney 等[139]基于离散元法模拟研究了非球形颗粒在工业圆锥破碎机中的破碎和流动情况,该模拟过程中使用的物料模型是多面体物料,在物料发生破碎后仍是非球形的物料,该离散元模型可以有效地预测物料流通过破碎机时的破碎行为、粒级分布以及破碎设备的磨损情况。2016 年,Quist 等[140]利用离散元法对物料在圆锥破碎机中的破碎过程进行了试验和数值模拟,在模拟过程中利用 BPM 颗粒模型模拟物料,分析了圆锥破碎机的破碎原理,结果表明数值模拟的数据和试验数据拟合良好,验证了数学模型的合理性。

除了对设备性能的研究外,学者们还对破碎设备能耗进行了分析。基于传统的 F.C. bond 理论,Tavares 和 Carvalho[141]结合破碎能耗和破碎物料参数建立了连续损伤的破碎模型,指出该模型可以比较准确地预测邦德指数并用于破碎过程的数值模拟。为了进一步理解颗粒减小与破碎设备能耗的关系,Morrell[142]对比了传统破碎设备以及高压球磨机中粒级减小的情况,并基于物料相关参数建立了能耗与物料粒级减小之间的数学模型,试验证明,该数学模型可以更有效地预测破碎过程中的能耗。此外,Refah 等[143]基于离散元法建立了数值模型,分别分析了球形物料和立方体物料在颚式破碎机中的破碎现象和破碎能耗,同时在离散元软件 PLAC3D 中建立了颚板挤压物料的仿真模型,分别分析了球形物料和立方体物料在破碎发生时的应力分布情况,指出离散元模型可以很好地预测球形物料的破碎过程,但是不能有效地预测立方形物料的破碎行为。在上述研究的基础上,郎平振等[144]结合 F.C. Bond 破碎理论建立了盘式辊压破碎机整机理论能耗模型,通过钢渣破碎试验,研究了盘辊间隙、磨辊力和磨盘转速对破碎效果与料层稳定性的影响,确定了这些参数的临界值或取值区间,验证并矫正了该能耗模型。此外,Legendre 等[145]分析了颚式破碎机在破碎作业时的能耗问题,建立了评估颚式破碎机能耗的数学模型,并使用离散元软件对破碎过程进行了数值模拟,将模拟结果与试验结果进行了对比,验证了所建立的数学模型的可靠性。

1.5　破碎设备及其发展

1.5.1　破碎设备概述

在工业生产中,用于破碎作业的设备种类很多,根据工作原理和结构的不同,常用的破碎设备大致可以分为颚式破碎机、旋回式破碎机、圆锥破碎机、辊式破碎机和冲击式破碎机等。

1. 颚式破碎机

颚式破碎机的结构如图 1-8 所示。该类型破碎机由于结构简单、便于维修等特点,广泛应用于矿山、冶金、建材和水利等行业[23],主要用于粗碎作业。随着破碎理论的发展以及对破碎质量要求的提高,国内外研制出了不同结构的颚式破碎机用以提高破碎效率,改善破碎效果。例如:简摆双腔颚式破碎机,该破碎机将传统颚式破碎机的间歇运动变成连续运动,提高了破碎效率[23];双动颚式破碎机,该破碎机由两个破碎机对置而成,利用齿轮保证双动颚同步运动,可以实现强制排料,提高生产能力[127];外动颚匀摆颚式破碎机,该破碎机的动颚装置与连杆装置是分开的,在运动过程中,通过连杆将动力传递给颚板,破碎比大,处理量大;振动颚式破碎机,该破碎机利用离心力和高频振动对矿石进行破碎,破碎强度高,破碎比大[146]。

2. 旋回式破碎机

旋回式破碎机如图 1-9 所示,通常用于破碎硬质物料与大体积矿石,广泛应用于黑色、有色冶金及建材等行业。其作业工况和颚式破碎机类似,属于粗碎作业。其结构简单,安装在机架上的定锥与安装在主轴上的动锥共同形成破碎腔,通过动锥的旋回运动对

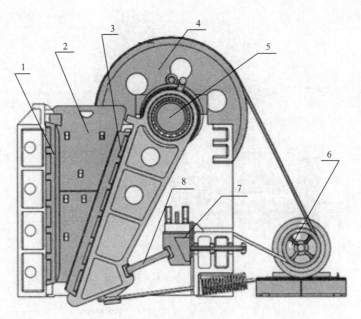

图 1-8 颚式破碎机

1—静颚板;2—边护板;3—动颚板;4—皮带轮;5—偏心轴;6—电动机;7—调整块;8—推力板

物料连续挤压使其破碎[127]。相较于颚式破碎机,旋回式破碎机具有生产能力强、产品粒度小、节能高效等特点,但其破碎腔的锥面容易磨损,且更换与维修难度较高。

图 1-9 旋回式破碎机

3.圆锥破碎机

如图 1-10 所示为圆锥破碎机。其结构和回旋式破碎机类似,工作原理也相似,主要区别是该破碎机主要应用于不同硬度矿石的细碎和中碎作业,可实现连续破碎,效率较高[23]。弹簧式圆锥破碎机是目前圆锥破碎机的主要类型。该破碎机包括内锥、外锥以及动力部分,利用主轴上安装的偏心套实现动锥的旋摆运动,使物料在挤压和弯曲作用下发生破碎。此外,液压圆锥破碎机是对传统圆锥破碎机结构的简化,利用液压设备调节排矿口尺寸[127]。

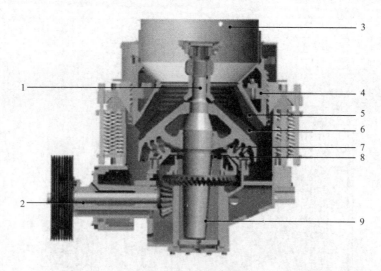

图 1-10　圆锥破碎机

1—传动轴套；2—动锥；3—进料斗；4—定锥；5—定锥衬板；

6—动锥衬板；7—球面瓦；8—配重盘；9—主轴衬套

4.辊式破碎机

辊式破碎机利用相对转动的圆柱辊子使矿石受到挤压、摩擦以及剪切等作用而发生破碎[147]，它具有结构紧凑简单、性能稳定、可以破碎含水物料、易于调整破碎比等特点，如图 1-11 所示。按照辊子的数目可以分为单辊破碎机、双辊破碎机、双段三辊破碎机和双段四辊破碎机，按照辊面形状可以分为光面辊破碎机和齿面辊破碎机[148,149]。

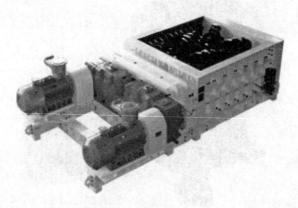

图 1-11　辊式破碎机

5.冲击式破碎机

冲击式破碎机利用冲击碰撞作用使物料发生破碎，如图 1-12 所示。按照冲击作用的类型分为：锤式破碎机（图 1-12(a)），该破碎机利用高速回转的锤子冲击物料使其破碎[123]，在破碎过程中，除了锤子的冲击作用外，还有物料与衬板间的碰撞作用；反击式破碎机（图 1-12(b)），该破碎机转子高速旋转，待破碎物料进入破碎腔后，先与安装于转子上的破碎板锤碰撞发生破碎，然后被反击到衬板上再次发生破碎[123,126]；自冲击式破碎机（图 1-12(c)），该破碎机主要包括物料分流装置、转子旋冲部分、动力传动部分、机架以及破碎腔等[23],在该破碎机中,一部分物料在转子旋冲器中获得动能,与另一部分下落的物料发生冲击以实现破碎,可以在很大程度上减轻破碎设备的磨损,降低维修成本。

(a) 锤式破碎机　　　　　　　　(b) 反击式破碎机　　　　　　(c) 自冲击式破碎机

图 1-12　冲击式破碎机

1.5.2 破碎设备研究现状

随着对破碎原理研究的深入,越来越多的科研人员开始注意到破碎过程中破碎设备与矿石间的作用力对破碎设备的影响。以下为针对不同破碎设备的国内外研究现状:

为了进一步改善辊式破碎机的工作性能,很多学者进行了大量的研究工作。针对非圆柱辊式破碎机,Velletri 和 Weedon[150] 研究了物料在该破碎机中的破碎情况,指出非圆柱辊式破碎机有效地克服了传统辊式破碎机低破碎比和高磨损率的缺点,而且非圆柱破碎辊改善了对物料的咬合作用,使破碎比达到了 10∶1。此外,通过试验证明了非圆柱破碎齿辊可以有效地改善破碎齿辊表面的磨损情况。为了进一步提高辊式破碎机的耐磨性能,Maxton 等[151] 对实际工况下的高压辊式破碎效率进行了定量研究,将该破碎机与传统的圆锥破碎机进行对比,分析了破碎辊边缘磨损的问题并提出了改善方案,提高了高压辊式破碎机的耐磨性能。在总结已有工作的基础上,Lindqvist 等[35] 研究了挤压破碎过程中物料颗粒对破碎设备磨损率的影响。研究表明,物料尺寸和物料粒级分布情况对破碎设备的磨损率都有显著影响,并指出磨损率和物料尺寸成正比,与破碎载荷的平方根成正比。Morrell[152] 研究了高压辊式破碎机和辊磨机的整体能量需求并建立了相应的能耗模型,将此模型用于颚式破碎机、旋回破碎机以及圆锥破碎机等,通过应用对比,验证了该模型的合理性。

颚式破碎机作为粗碎过程中的主要设备,其发展情况及破碎性能对矿石产品质量有至关重要的影响。一些学者对颚板的失效行为进行了研究。例如,Olawale 等[153] 通过试验分析,指出颚板在铸造过程中在晶界和晶格中出现了大块的碳素体而导致了颚板内部出现细微的裂纹,使得颚板在作业过程中容易失效。同时,还指出不正确的热处理也会造成碳素体析出而导致颚板在破碎作业中失效。在上述研究的基础上,黄鹏鹏等[154] 运用 EDEM 离散元分析软件对单颗粒的破碎行为进行了数值模拟,分析了动颚板运动速度、水平行程以及衬板齿型对破碎过程的影响,并用 MATLAB 软件对模拟结果进行了回归分析,得到了以黏结键为衡量指标的破碎行为与上述三因素的关系模型,为破碎机破碎效果的改善提供了依据。同年,Numbi 等[155] 分析了深矿中颚式破碎机破碎工艺的能耗分布情况,并对其进行了优化设计,建立了破碎工艺的能耗模型,以降低颚式破碎机作业时的能耗,提高能量的使用效率。

对于圆锥破碎机而言,其工作原理是利用挤压作用将矿石破碎,因此破碎腔衬板往往受到严重的磨损。针对此问题,Lindqvist 等[156]建立了相关的理论模型用以预测圆锥破碎机衬板在破碎过程中的磨损情况,并通过试验对预测结果进行了验证。结果表明,该磨损预测模型可以较好地预测出在正常作业情况下的衬板磨损情况。为进一步改善圆锥破碎机的破碎性能,Dong 等[157]分析了矿石在破碎腔里发生破碎时的动力学方程,结合预测破碎产物形状和粒级分布的数学模型,提出了矿石片状剥落模型,然后利用多重约束对圆锥破碎机的破碎腔进行了优化设计,并通过样机试验对破碎腔的优化模型进行了验证。基于上述研究,Lee 和 Evertsson[158]通过试验对现有的圆锥破碎机和理论上的最佳破碎顺序进行了对比,分析了排料口尺寸、堵塞情况以及偏心轴转速对破碎产品的影响,指出通过调整破碎设备的工作参数可以有效提高生产能力和破碎比,混合破碎模式比单一的破碎模式更易获得理想的产品粒级。之后,Lee 和 Evertsson[159]将优化后的圆锥破碎机破碎腔体用于现场试验,并将试验结果与传统的圆锥破碎进行了对比。结果表明,优化后的圆锥破碎机可以有效提高产量和破碎比。除了上述关于圆锥破碎机的研究外,Li 等[160]基于离散元法模拟了矿石在圆锥破碎机中的破碎过程,分析了排料口尺寸和偏心速度对破碎过程及结果的影响,将模拟结果与试验结果进行对比,表明基于离散元法的模拟可以用于预测圆锥破碎机的作业情况。

为了改善破碎设备关键零部件的磨损情况,有学者研制了冲击式破碎机,并深入研究该设备的破碎性能。具有代表性的研究有:Deniz[161]通过 t-family 曲线分析了冲击式破碎机中三种不同的石灰岩破碎后的粒级分布模型,结合 Bond 破碎理论提出了一种新的破碎产品粒级分布模型,并通过回归分析验证了该模型的合理性。在上述工作的基础上,Cleary 等[67,162]利用离散元法模拟了物料在各种破碎设备中的流动以及破碎情况,其中包括颚式破碎机、圆锥破碎机、旋回式破碎机、冲击式破碎机以及双齿辊式破碎机,分析了各设备中物料破碎的应力、能耗、产品粒级、破碎概率等情况,指出离散元法可以有效地模拟物料的破碎过程,可用于分析物料破碎原理以及破碎设备的运行情况。同年,Aisikka[163]研究了自动给料速度对破碎和筛分过程的影响,并提出了一种防堵塞的新型给料控制方式,可以有效提高生产率。

破碎设备的生产能力和能耗等问题直接影响了破碎设备产生的经济效益。国内外学者在这些方面进行了大量的研究工作。Soni 等[164]研究了物料在双辊破碎机中的破碎行为,利用材料的 Hardgrove Grindability(哈德格罗夫可磨性)指数和破碎设备参数,建立了破碎过程的模型,同时用不同的物料进行了破碎试验,验证了该理论模型的可靠性。除了对设备自身的分析,Kwon 等[165]还考虑了破碎过程中颗粒重聚现象,建立了煤炭在双辊破碎机中的破碎模型用以描述颗粒的破碎行为以及预测破碎产品的粒级分布情况。通过对比仿真和试验结果,指出该数学模型可以较好地预测双辊破碎机中的破碎情况以及破碎过程中颗粒的重聚现象。随着离散元法和二次开发技术的成熟,蔡鹏[166]基于离散元法建立了双辊破碎机的虚拟样机,并对其破碎过程进行了数值模拟,分析了其生产能力,并基于研究结果对破碎齿的齿型进行了优化设计。在此研究的基础上,毛瑞等[167]基于离散元分析软件 EDEM 提出了一种用以研究双辊破碎机生产率的虚拟样机方法,该虚拟样机考虑了物料性质对生产率的影响,并对生产率产生影响的各种因素进行了综合分析,为双辊破碎机的设计选型提供了参考。

辊式破碎机关键零部件受力情况以及强度、刚度等往往能决定破碎机的使用寿命、工作能力,为了改善破碎设备的受力情况,有关学者进行了大量的研究工作。具有代表性的研究有:王忠文[168]结合第二破碎理论,分析了双辊破碎机在破碎过程中齿辊承受的切向力,推导出了该切向力的理论公式,并在实际设计应用中对该理论公式进行了验证,为辊式破碎机的设计计算、校核等提供了参考。在此基础上,王保强[169]结合 SSC 系列大处理能力分级破碎机的几何特征以及在实际工况中的受力情况,对破碎齿应力分布进行了有限元仿真分析,指出破碎齿的最大应力值低于材料的许用应力,但是载荷施加位置不同时,破碎齿的应力分布情况有着明显差异。随着仿真技术的成熟,很多科研人员开始使用离散元法对破碎设备及破碎过程进行模拟分析。例如,刘元周[170]研究了双辊破碎机的破碎齿以及齿环的强度刚度,分析了破碎齿的材料及其失效的主要形式,并基于离散元软件 EDEM 对破碎过程进行了数值模拟,结合离散元模拟结果,利用有限元分析软件 AN-SYS 对破碎齿进行了强度和刚度分析。马会永[171]利用离散元软件 EDEM 对双辊破碎机满载启动时的破碎过程进行了数值模拟,提取了破碎齿在满载启动时载荷,利用有限元分析软件 ANSYS Workbench 对破碎齿以及齿环的刚度和强度进行了分析,为破碎机结构的开发和优化提供了参考。

破碎设备的工作效率通常受设备自身结构影响,为了提高辊式破碎机的效率,有关学者在结构方面进行了深入的研究工作。2008 年,臧峰等[172]基于传统的破碎原理和破碎设备,研发了一种新型双齿辊式破碎机,并利用三维软件 Creo 对其进行了三维建模和运动仿真,分析了破碎的工作机理、结构以及性能特点,提高了产品可靠性。同年,赵啦啦等[173]利用遗传算法对双辊破碎机的齿板结构进行了多目标优化设计,在优化设计过程中建立了数学模型,优化了传动角,减小了动颚板的行程。为了进一步提高破碎效率,改善破碎效果,王明杰[174]对破碎腔内辊齿结构以及辊齿的布置形式进行了研究,提高了破碎设备的可靠性、生产率和性价比,降低了破碎过程中的过粉碎现象。在此基础上,肖立春等[175]对双辊破碎机破碎齿的不同安装形式、齿型结构以及布置形式所对应的破碎强度、产品粒度、破碎比、能耗及过粉碎率等性能指标进行了对比分析,指出优化的破碎齿安装形式、齿型结构以及布置形式可以有效地提高煤炭利用效率和破碎机的可靠性,降低生产成本,方便维修设备,提高经济效益。在分析双辊破碎机结构的过程中,除了对关键零部件受力情况的分析外,还有学者研究了破碎机工作的谐响应问题。例如,张雪峰等[176]利用三维建模软件 Creo 建立了双辊破碎机的实体模型,并利用有限元分析软件 ANSYS Workbench 对双辊破碎机进行了模态分析,得到了该破碎机的固有频率和振型,研究了该破碎机的动态特性。宋静哲[177]使用三维软件 SolidWorks 建立了破碎机主轴的实体模型,并利用有限元分析软件 ANSYS 对其进行了谐响应分析,得到了位移-频率、应力-频率分布曲线,为避免破碎机主轴在工作过程中出现共振现象提供了理论依据。在双辊破碎机自身结构方面,研究者设计了过载保护装置。

综上所述,目前国内外对筛分和破碎过程机理及设备的研究仍存在以下问题:

（1）现有的筛分过程数学模型大都是现象模型，在实际使用过程中，模型系数难以确定，从而限制了其使用范围。

（2）利用离散元法仅能模拟简单振动形式下的筛分过程，缺少对复杂振动形式下颗粒筛分机理的研究。

（3）采用简单形状颗粒进行模拟的研究较多，综合考虑颗粒的形状和粒级等因素对筛分过程影响的研究较少。

（4）离散元法为破碎过程的研究提供了理论和技术基础，但目前基于离散元法的破碎过程模拟主要是研究破碎过程中物料的动态行为，而很少关注物料对设备的影响，不能有效地分析破碎过程中设备的应力变化及磨损等情况。

（5）有限元法（FEM）为研究破碎过程中物料破碎的作用力对设备的影响提供了基础，但目前基于有限元法主要用于研究破碎设备静态下的应力应变等情况，不能真实反映设备的动态应力应变规律，也不能有效地分析破碎过程中矿物颗粒的破碎行为。

（6）目前破碎过程的试验大多采用完全试验法，针对相关试验结果进行规律总结，由于破碎过程中的变量较多，并且难以控制，因此不便于确定影响破碎过程的主次因素。

因此，本书拟基于三维离散元法，针对当前物料筛分和破碎研究中的不足，并结合国际上散体物料分选领域的研究方向开展工作，对典型筛分和破碎机械的工作过程机理进行数值模拟和理论分析。

1.6 主要研究内容

针对上述问题，结合国内外关于筛分和破碎过程模拟领域的研究现状，本书开展了筛分和破碎机械的离散元法模拟优化设计研究，主要内容如下：

（1）三维离散元法基本原理及验证研究。介绍 DEM 的基本原理及应用现状，在自制振动试验筛上，采用高速动态分析系统对振动筛面上颗粒群的运动进行拍摄与分析，将试验获得的筛分效率、筛面颗粒运动速度以及颗粒的运动状态进行比较，以验证 DEM 的可靠性。

（2）圆振动筛的筛分过程 DEM 模拟研究。揭示筛面倾角、振幅、振动频率、筛面长度等参数对圆振动筛的部分筛分效率以及颗粒在筛面上的运动速度的影响机理，并将 DEM 数值模拟结果与理论计算结果进行对比，分析理论公式的适用性。对非球形颗粒的筛分过程进行 DEM 模拟研究，分析颗粒形状对筛分效果的影响机理。

（3）振动筛分过程的试验研究。在自制振动筛试验台上进行筛分试验，研究振幅、振动频率、筛面倾角等参数对筛分效率以及筛面颗粒运动速度的影响机理，并对筛面颗粒运动速度的经验公式进行对比验证。

（4）筛分数学模型的参数优化。介绍机械结构参数优化设计的流程及方法，运用 MATLAB 软件对筛分数学模型进行参数优化，将参数优化前、后的 DEM 模拟及筛分试验结果进行对比，分析参数优化的有效性。

（5）建立滚轴筛的虚拟模型和筛分过程的离散元模型，揭示筛轴转速、筛面倾角和颗粒的黏附能量密度对球形颗粒和非球形颗粒筛分效率和筛面颗粒群运动速度的影响机理,并获取各优化参数。

(6)基于等厚筛分原理比较多段筛面滚轴筛的筛分效率和筛面颗粒群运动速度,得到最优分段筛面。在此基础上,比较最优分段筛面和直线筛面滚轴筛的筛分效率和筛面颗粒群运动速度,验证所取分段筛面的合理性并探究滚轴筛的等厚筛分特性。探究颗粒形状、筛轴转速和黏附能量密度对滚轴筛的筛分效率和筛面颗粒群运动速度的影响规律,获取各优化参数。

(7)基于 Hertz-Mindlin with Archard Wear(艾查得磨损)模型和 Relative Wear(相对磨损)模型,获取筛轴盘片各处的累积接触能量和磨损深度分布规律,比较盘片磨损最严重部位的切向累积接触力和法向累积接触力的大小,揭示该部位的磨损机理。比较盘片形状为渐开线形、梅花形和三角形时各盘片滚轴筛的筛分效率、筛面颗粒群运动速度和盘片磨损最严重部位的磨损深度,分析其影响规律并获取优化参数。

(8)搭建辊式破碎机的模型试验机,进行单体颗粒破碎过程的物理试验。在离散元模拟软件 EDEM 中建立破碎物料的离散元模型进行受压测试,验证破碎模型的力学特征。对单颗粒的破碎过程进行离散元法模拟,并将其结果与试验结果对比,验证离散元法模拟的可靠性。

(9)研究矿物颗粒在辊式破碎机中的破碎过程,分析物料的破碎行为。采用离散元法对矿石物料在辊式破碎机中的破碎过程进行数值模拟。研究齿环的排布形式以及破碎齿辊转速对破碎过程的影响。分析矿石物料在该设备中的破碎行为、矿石颗粒的破碎机理以及破碎后的产品粒级分布情况。通过后处理程序,分析矿石颗粒在破碎过程中的力学规律。

(10)利用有限元分析软件 ANSYS Workbench 与离散元分析软件 EDEM 进行耦合模拟,分析破碎过程中物料对破碎设备的影响,主要包括破碎齿辊的应力及应变。使用 ANSYS/LS-DYNA 对破碎齿劈裂和侵入物料的过程进行模拟研究,并将结果与试验结果进行对比分析,验证物料破碎过程中对破碎齿的冲击情况。

第2章

DEM原理

离散元法(DEM)是 20 世纪 70 年代发展起来的一种用于计算散体力学行为的数值模拟方法,常用于分析颗粒运动、颗粒与颗粒之间的碰撞以及颗粒与外部系统的碰撞等。目前,离散元法已广泛应用于矿物筛分、破碎、颗粒群力学分析等领域。本章主要介绍DEM 的基本原理以及图形学算法在离散元中的应用。

2.1　DEM 基本原理

DEM 是一种建立在牛顿第二定律、Hertz 和 Mindlin-Deresiewicz 的球形颗粒接触理论的基础上,用于研究散体颗粒性质、结构和运动规律的数值计算方法。在实际应用中通常使用硬球颗粒和软球颗粒两种简化的颗粒模型。在实际的工程计算中使用软球颗粒模型较多,该模型在计算中将切向力看成弹簧、阻尼器和滑动器,将法向力看成弹簧和阻尼器,在引入弹性系数、阻尼系数等参数的同时,忽略了接触力加载历史和颗粒表面形变等因素。而硬球颗粒模型则适用于低浓度、高速颗粒系统的数值计算,其将接触过程看成碰撞过程,完全忽略了接触力的大小和表面变形。

2.1.1　模型假设与颗粒单元属性

1.模型假设

DEM 把物料颗粒看作具有一定形状和质量的离散颗粒单元的集合,为便于分析,提出如下假设:

(1)颗粒为刚性体,颗粒系统的变形是颗粒接触点变形的总和。

(2)颗粒间的接触为点接触,发生在小区域内。

(3)颗粒接触为软接触,即接触点处会发生一定的重叠量,其与颗粒尺寸相比很小,同时,颗粒变形相比颗粒的平移和转动很小。

(4)在每一时步内,扰动不能从任一颗粒同时传播到相邻颗粒。在模拟时间段内,任一颗粒上作用的合力可以由与其接触的颗粒之间的相互作用唯一确定。

2.颗粒单元属性

离散元法将模型理想化为相互独立、相互接触和相互作用的颗粒群体,颗粒单元之间具有几何和物理两种单元属性。

(1)几何属性包括形状、尺寸以及初始排列方式等。颗粒单元形状有二维的圆形和椭圆形、三维的球形和椭球形,以及组合单元等,初始排列方式包括空间晶格点阵规则和随机排列。

(2)物理属性有质量、温度、刚度、比热、化学活性等。通过设置材料常数、载荷模式、颗粒尺寸和分布以及颗粒的物理性质来描述颗粒材料的力学行为。

2.1.2 颗粒接触理论

在实际应用研究中,常用的简化模型有软球模型和硬球模型。

1.软球模型

软球模型理论由 Cundall 和 Strack 提出,是将颗粒间的法向力简化为弹簧和阻尼器,切向力简化为弹簧、阻尼器和滑动器,不考虑颗粒表面的变形,根据颗粒间的法向重叠量和切向位移计算颗粒接触力,如图 2-1 所示,其中,k_n,d_n 分别为法向刚度和法向阻尼系数;k_t,d_t 分别为切向刚度和切向阻尼系数;k_r,d_r 分别为滚动刚度和滚动阻尼系数。

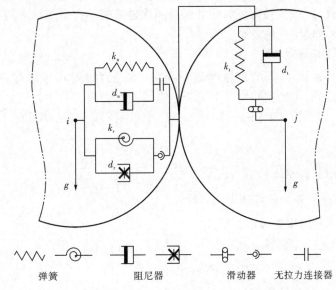

弹簧　　　　　阻尼器　　　滑动器　无拉力连接器

图 2-1　软球模型

颗粒 i 的法向接触力为弹簧的弹力和法向阻尼器阻尼力的合力,根据 Hertz 接触理论,法向力 $\boldsymbol{F}_{cn}$ 可表示为

$$\boldsymbol{F}_{cn} = -\frac{2}{3}k_n\delta_n\boldsymbol{n}_c - d_n(\boldsymbol{v}_{nij}\boldsymbol{n}_c)\boldsymbol{n}_c \tag{2-1}$$

式中　$\boldsymbol{n}_c$——颗粒 i 到颗粒 j 球心的单位矢量,mm;

　　　δ_n——法向重叠量,即接触点的法向位移,mm;

　　　$\boldsymbol{v}_{nij}$——颗粒 i 与颗粒 j 间的相对运动速度矢量,mm/s;

　　　d_n——法向阻尼系数;

k_n——法向刚度,N/mm。

颗粒 i 的切向力 $\boldsymbol{F}_{ct}$ 由切向弹簧力和切向阻尼力两部分组成,可表示为

$$\boldsymbol{F}_{ct} = -k_t \boldsymbol{\delta}_t + d_t(\boldsymbol{v}_{tij}\boldsymbol{n}_c)\boldsymbol{n}_c \qquad (2-2)$$

式中　$\boldsymbol{\delta}_t$——切向重叠量,即接触点的切向位移,mm;

　　　d_t——切向阻尼系数;

　　　k_t——切向刚度,N/mm。

软球模型在颗粒 i 和颗粒 j 之间设定了弹簧、阻尼器、滑动器和耦合器等。其中,耦合器用来确定发生接触的颗粒配对关系,不引入力。在切向,如果切向力超过屈服强度,则两颗粒在法向力和摩擦力的作用下滑动,由滑动器、阻尼器实现。软球模型通过引入弹性系数 k 和阻尼系数 c 等来量化弹簧、阻尼器、滑动器的作用[25]。

2. 硬球模型

硬球模型理论由 Campbell 等学者提出,应用于颗粒剧烈运动或者颗粒稀疏,发生碰撞时无须考虑颗粒变形、接触力等细节,可以认为碰撞发生在瞬间,仅需要确定颗粒碰撞后的速度,其值是颗粒接触过程中力与时间积分的结果。

硬球模型假设在任意的时刻 t,颗粒 i 最多与另外一颗粒发生碰撞,其碰撞点为两颗粒的接触点。因此,颗粒接触持续时间和颗粒两次碰撞间的自由运动时间的比值越小,颗粒物质越稀疏,硬球模型就越适合。

3. 单元模型计算原理

对于不同的单元模型,其计算原理是一致的。在任意时刻 t,考虑每一单元的所有接触作用力并对其求和,可得到作用于单元上的合力及合力矩。由牛顿第二定律得

$$\left[\sum F(t)\right]_i / m_i = \partial \dot{x}_i(t) / \partial t = \ddot{x}_i(t) \qquad (2-3)$$

$$\left[\sum M(t)\right]_i / I_i = \partial \dot{\theta}_i(t) / \partial t = \ddot{\theta}_i(t) \qquad (2-4)$$

式中　x_i——i 单元的平动位移,mm;

　　　$\sum F(t)$——i 单元的作用合力,N;

　　　m_i——i 单元的质量,kg;

　　　θ_i——i 单元的角位移,rad;

　　　$\sum M(t)$——i 单元的合力矩,N·m;

　　　I_i——i 单元的转动惯量,kg·m²。

对时刻 t 的加速度可用中心差分格式表示为

$$\partial \dot{x}_i(t) / \partial t = [\dot{x}_i(t + \Delta t/2) - \dot{x}_i(t - \Delta t/2)] / \Delta t \qquad (2-5)$$

$$\partial \dot{\theta}_i(t) / \partial t = [\dot{\theta}_i(t + \Delta t/2) - \dot{\theta}_i(t + \Delta t/2)] / \Delta t \qquad (2-6)$$

将式(2-3)、式(2-4)分别代入式(2-1)、式(2-2)整理可得

$$\dot{x}_i(t + \Delta t/2) = \dot{x}_i(t - \Delta t/2) + \frac{\left[\sum F(t)\right]_i}{m_i} \Delta t \qquad (2-7)$$

$$\dot{\theta}_i(t + \Delta t/2) = \dot{\theta}_i(t - \Delta t/2) + \frac{\left[\sum M(t)\right]_i}{I_i} \Delta t \qquad (2-8)$$

由 $t + \Delta t/2$ 时刻的速度,可以得到 $t + \Delta t$ 时刻的位移为

$$x_i(t + \Delta t) = x_i(t) + \dot{x}_i(t + \Delta t/2)\Delta t \tag{2-9}$$

$$\theta_i(t + \Delta t) = \theta_i(t) + \dot{\theta}_i(t + \Delta t/2)\Delta t \tag{2-10}$$

由式(2-10)可确定单元 i 的下一个位置,并计算相应的合力及合力矩。通过这个计算过程的循环即可得到单元的运动状态。

2.1.3　DEM 模拟的关键步骤

1. DEM 模拟的基本计算过程

DEM 模拟的基本计算过程如图 2-2 所示。

(1)初始化系统,给定每个颗粒的初始位置、初始速度以及时间步长。

(2)通过运行测试算法判断空间内颗粒间的有效接触集。

(3)对接触集中颗粒的接触力进行计算。

(4)对每个颗粒所受的合力和合力矩进行计算。

(5)根据牛顿第二定律和时间步长确定颗粒新的位置和速度,并使计算时间相应增加。

(6)判断计算是否结束,若是则保存结果并退出,否则跳转至第(2)步继续执行颗粒接触判断。

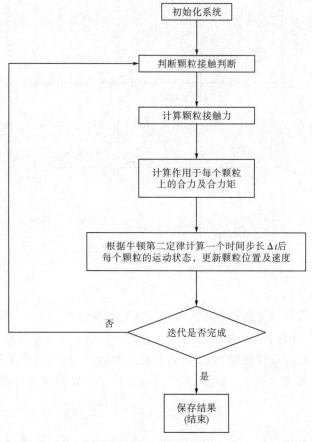

图 2-2　DEM 模拟的基本计算过程

2.颗粒接触的搜索

DEM模拟的计算需要频繁判断颗粒与颗粒之间是否发生重叠,进而根据重叠量更新每个颗粒的受力、速度和位置信息,完成整个颗粒系统的演算。该过程由于其庞大的计算量不能直接适用于颗粒之间的接触作用,因此,需要一种简化系统运算的方法。

网格划分法便能很好地简化系统的运算,并能高效地搜索出颗粒之间的接触作用,其原理是将整个区域划分为许多正方形(二维)或立方体(三维),网格边长与颗粒最大直径的关系为

$$d_{\max} < l_{\text{box}} < 2d_{\max} \tag{2-11}$$

根据颗粒所处的位置将其分配到对应的网格之中,若颗粒与任意网格的空间相交,则视该颗粒处于该网格之中。如图2-3所示,颗粒A处于网格1,2,4,5之中,颗粒B处于网格3,6之中,颗粒C处于网格7之中,颗粒D处于网格5,8,9之中。每个颗粒至少处于一个网格之中,对于二维系统,最多占据4个网格。在检索颗粒间接触时,只需分为两个阶段:第一阶段划分网格,并确定每个颗粒所处的网格;第二阶段进行接触检索,判断颗粒与颗粒之间是否处于同一个网格,若处于同一个网格,则有可能发生接触碰撞,否则不可能发生接触,进而再对同一个网格中的颗粒进行计算。这种网格划分法适用于二维和三维网格,简单明了,易于程序的实现和并行化。

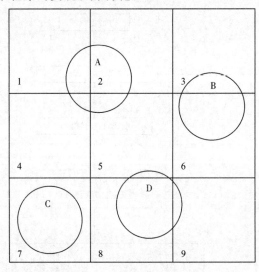

图2-3 网格划分

3.时间步长的计算

离散元法的计算原理是假定一个时间步长内颗粒所受的力不变,即颗粒的加速度不变。这就意味着如果时间步长取得过小,计算量就十分巨大。如果时间步长取得过大,有些颗粒的接触碰撞行为就可能会被遗漏,并且会导致计算发散,过程描述不准确。因此,选取合适的时间步长尤为重要。目前,离散元法模拟中计算时间步长通常采用瑞利波法和赫兹接触法。

(1)瑞利波法

颗粒发生接触时表面由于变应力的作用而产生的偏振波称为瑞利波。试验发现,颗

粒碰撞过程中的能量耗散有 70% 是通过瑞利波实现的,因此,瑞利时间步长是离散元法模拟中的一个重要参数。瑞利波传播时,强度由表及里逐渐减弱。我们将瑞利时间步长定义为剪切波完全穿透一个颗粒所需要的时间。

一般弹性颗粒表面瑞利波波速可由式(2-12)表示,即

$$v_R = \beta \sqrt{\frac{G}{\rho}} \qquad (2\text{-}12)$$

式中　G——颗粒的剪切模量,Pa;

　　　ρ——颗粒的密度,kg/m^3;

　　　β——瑞利波方程的根。

瑞利波方程的根 β 符合

$$(2-\beta^2)^4 = 16(1-\beta^2)\left[1-\frac{1-2\nu}{2(1-\nu)}\beta^2\right] \qquad (2\text{-}13)$$

式中　ν——颗粒的泊松比。

由此可以得出 β 的近似计算公式为

$$\beta = 0.163\nu + 0.877 \qquad (2\text{-}14)$$

瑞利波波速 v_R 可进一步表示为

$$v_R = (0.163\nu + 0.877)\sqrt{\frac{G}{\rho}} \qquad (2\text{-}15)$$

两颗粒间发生接触时,其接触作用不会通过瑞利波传递到其他颗粒上。因此,时间步长应小于瑞利波经过半个颗粒球面所需的时间,其计算公式为

$$\Delta t_R = \frac{\pi R}{v_R} = \frac{\pi R}{0.163\nu + 0.877}\sqrt{\frac{\rho}{G}} \qquad (2\text{-}16)$$

式(2-16)是假定颗粒处于静止或相对速度较小时得到的,适用于颗粒运动较平缓的情形。

(2)赫兹接触法

瑞利波法时间步长适用对象是准静态颗粒系统,也即颗粒之间相对运动速度较小的情形,而对于颗粒之间相对运动速度较大的系统则应采用小步长。离散元法模拟过程中,颗粒的接触过程可以看作颗粒之间的相互重叠过程,理论最大重叠量的计算公式为

$$d_{max}^* = v^* t^* \qquad (2\text{-}17)$$

式中　v^*——两颗粒的相对速度,m/s;

　　　t^*——两颗粒的持续接触时间。

t^* 的选取应保证颗粒之间的实际最大重叠量比理论最大重叠量小。根据赫兹接触理论,两颗粒的持续接触时间可表示为

$$t_H = 2.943\ 2\sqrt[5]{\frac{25}{16}\cdot\frac{\gamma_{ij}}{v_{ij}}\cdot(m_{ij}^*)^2} \qquad (2\text{-}18)$$

式中　γ_{ij}——两颗粒的接触参数;

　　　v_{ij}——两颗粒的相对速度,m/s;

　　　m_{ij}^*——等效质量,kg。

接触参数 γ_{ij} 的计算公式为

$$\gamma_{ij} = \sqrt[3]{\frac{9}{64} \cdot \frac{1}{R_{ij}^*} \cdot \left(\frac{1}{G^*}\right)^2} \tag{2-19}$$

式中　R_{ij}^*——等效半径，m；

　　　G^*——等效剪切模量，Pa。

因此，接触法的时间步长应满足

$$\Delta t_H \leqslant C t_H \tag{2-20}$$

式中　C——考虑到颗粒之间阻尼等的影响而引入的常量。

对于不同的仿真对象，离散元法模拟的流程大致相同，但需要建立不同的颗粒接触模型与之对应。常用的颗粒接触模型有以下 6 种：Hertz-Mindlin 无滑动接触模型（简称 Hertz-Mindlin 模型）、线性黏附接触模型（Linear Cohesion 模型）、黏结接触模型（Bonding-Particle 模型）、运动表面接触模型、线弹性接触模型和摩擦电荷接触模型[28]。

2.1.4　典型颗粒接触模型

1. Hertz-Mindlin 模型

Hertz-Mindlin 接触模型可以准确地计算模拟过程中颗粒与颗粒之间以及颗粒与几何体之间的接触力，其原理如图 2-4 所示。其中，法向力和切向力分别按照 Hertzian 和 Mindlin 提出的接触理论进行计算[67,162]。考虑到颗粒接触过程中的弹性恢复系数，在 Hertz-Mindlin 接触模型中引入阻尼系数表示其弹性恢复系数。

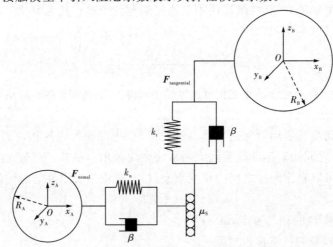

图 2-4　Hertz-Mindlin 模型

其中，法向力 $\boldsymbol{F}_n$ 为弹簧弹力和阻尼力的矢量和，根据赫兹接触理论，可表示为

$$\boldsymbol{F}_n = \boldsymbol{F}_{normal} + \boldsymbol{F}_{normal}^d = -\frac{2}{3} k_n \boldsymbol{\delta}_n + C_n \boldsymbol{v}_n^{rel} \tag{2-21}$$

式中　$\boldsymbol{F}_{normal}$——法向弹簧弹力，N；

　　　$\boldsymbol{F}_{normal}^d$——法向阻尼力，N；

　　　k_n——法向弹簧刚度，N/m；

　　　$\boldsymbol{\delta}_n$——法向弹簧拉伸量，m；

C_n——修正后的法向阻尼系数；

v_n^{rel}——法向阻尼速度，m/s。

法向弹簧刚度 k_n、法向阻尼系数 C_n 和法向阻尼速度 v_n^{rel} 的计算公式分别为

$$k_n = 2E^* \sqrt{R^* \delta_n} \qquad (2\text{-}22)$$

$$C_n = 2\sqrt{\frac{5}{6}} \beta^* \sqrt{k_n m^*} \qquad (2\text{-}23)$$

$$v_n^{rel} = (v_1 - v_2) n \qquad (2\text{-}24)$$

式中　E^*——等效弹性模量，Pa；

R^*——等效粒子半径，m；

β^*——临界阻尼系数；

m^*——等效质量，kg；

v_1, v_2——两颗粒发生碰撞前的速度，m/s；

n——发生碰撞时的法向单位矢量。

等效弹性模量 E^*、等效粒子半径 R^*、临界阻尼系数 β^*、等效质量 m^* 和发生碰撞时的法向单位矢量 n 的计算公式分别为

$$\frac{1}{E^*} = \frac{1-\nu_1^2}{E_1} + \frac{1-\nu_2^2}{E_2} \qquad (2\text{-}25)$$

$$\frac{1}{R^*} = \frac{1}{R_1} + \frac{1}{R_2} \qquad (2\text{-}26)$$

$$\beta^* = \frac{\ln e}{\sqrt{\ln^2 e + \pi^2}} \qquad (2\text{-}27)$$

$$m^* = \frac{m_1 m_2}{m_1 + m_2} \qquad (2\text{-}28)$$

$$n = \frac{r_1 - r_2}{|r_1 - r_2|} \qquad (2\text{-}29)$$

式中　E_1, E_2——两颗粒的弹性模量，Pa；

ν_1, ν_2——两颗粒的泊松比；

R_1, R_2——两颗粒的半径，m；

m_1, m_2——两颗粒的质量，kg；

r_1, r_2——两颗粒的球心位置矢量，m；

e——弹性恢复系数。

切向力同样也是弹簧弹力和阻尼力的矢量和，根据 Mindlin-Deresiewicz 接触理论，可表示为

$$F_t = F_{tangential} + F_{tangential}^d = -k_t \delta_t + C_t v_t^{rel} \qquad (2\text{-}30)$$

式中　$F_{tangential}$——切向弹簧弹力，N；

$F_{tangential}^d$——切向阻尼力，N；

k_t——切向弹簧刚度，N/m；

δ_t——切向弹簧拉伸量，m；

C_t——修正后的切向阻尼系数；

v_t^{rel}——切向阻尼速度，m/s。

切向弹簧刚度 k_t 和切向阻尼系数 C_t 的计算公式分别为

$$k_t = 8G^* \sqrt{R^* \delta_n} \tag{2-31}$$

$$C_t = 2\sqrt{\frac{5}{6}} \beta^* \sqrt{k_t m^*} \tag{2-32}$$

式中 G^*——等效剪切模量，Pa，其计算公式为

$$G^* = \frac{2 - v_1^2}{G_1} + \frac{2 - v_2^2}{G_2} \tag{2-33}$$

式中 G_1，G_2——两颗粒的剪切模量，Pa。

2. Linear Cohesion 模型

Linear Cohesion 模型是一种基于 Hertz 无黏附接触理论，通过在 Hertz-Mindlin 模型的法向接触力上增加一个法向力来实现的接触模型，忽略了切向力的作用，其计算公式为

$$F = kA \tag{2-34}$$

式中 k——黏附能量密度，J/m^3；

A——接触面积，m^2。

接触理论的发展最早可追溯到 Hertz 在 1880 年提出的弹性接触理论[178]，但是该理论并没有考虑物体之间的黏附作用。之后 Bradley[179] 给出了两颗粒接触时黏附分离力的计算公式，首次考虑了颗粒接触时存在的黏附作用。紧接着 Johnson 等[180]、Daniel[181] 和 Derjaguin 等[182] 分别提出了 JKR 理论、M-D 理论和 DMT 理论，这 3 种理论都考虑了颗粒间的黏附作用，并根据简化内容的不同分别由 delta 函数、Dugdale 函数和类阶跃函数来描述，但其表面间的相互作用力都是对 Lennard-Jones 力的简化。图 2-5 比较了这 3 种理论与 Hertz 无黏附理论在单位面积上黏附作用力随间距变化趋势的不同。

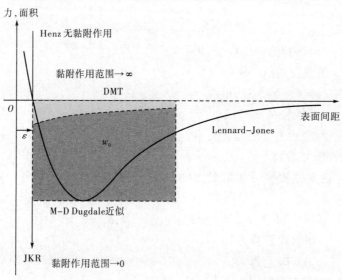

图 2-5　4 种理论中单位面积上黏附作用力随间距的变化[183]

由于后文需要对滚轴筛中大量黏结颗粒进行数值模拟和计算,因此采用不考虑切向力的 Linear Cohesion 模型,其仅将黏附力简化为一个法向力,极大简化了模拟运算。图 2-6 所示为两弹性球体之间的接触及其等效表示形式。

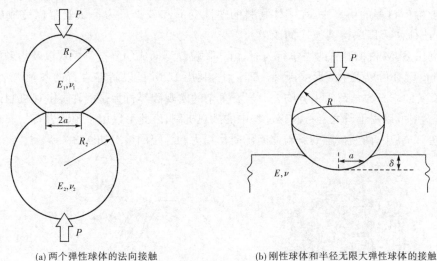

(a) 两个弹性球体的法向接触　　　　　　　　(b) 刚性球体和半径无限大弹性球体的接触

图 2-6　两弹性球体之间的接触及其等效表示形式

从本质上看,该模型通过施加一个法向压力 P 将两个弹性球体挤压在如图 2-6(a)所示的半径为 a 的圆形接触区内,并通过引入 3 项基本假设(接触面仅传递法向力、接触区域范围远小于弹性球体尺寸、接触面光滑),将两个弹性球体的法向接触问题转化为如图 2-6(b)所示的半径为 R 的刚性球体和杨氏模量为 E 的半径无限大弹性球体的接触问题。

其各项参数间的关系式为

$$\frac{1}{R}=\frac{1}{R_1}+\frac{1}{R_2} \tag{2-35}$$

$$\frac{1-\nu^2}{E}=\frac{1-\nu_1^2}{E_1}+\frac{1-\nu_2^2}{E_2} \tag{2-36}$$

式中　R_1,R_2——两球体的半径,m;

　　　ν_1,ν_2——两球体的泊松比;

　　　E_1,E_2——两球体的杨氏模量,Pa。

图 2-6 所示接触区内法向力 P 和压入量 δ 的计算公式分别为

$$P=\frac{4E^*a^3}{3R}+kA \tag{2-37}$$

$$\delta=\frac{a^2}{R} \tag{2-38}$$

式中　E^*——等效杨氏模量,Pa,其计算公式为

$$E^*=\frac{E}{1-\nu^2} \tag{2-39}$$

3. Bonding-Particle 模型

BPM(Bonding-Particle Model)利用 Bonding 键将压缩在一起的球形颗粒黏结起来

形成可以用于破碎模拟的颗粒块。利用 BPM 的概念进行数值模拟首先由 Potyondy 和 Weerasekara 等[27] 在模拟岩石破碎过程中提出，并在 Kwon 等[165] 的使用过程中得到进一步发展。随着 DEM 和计算机技术的发展，该方法不断被完善，而且越来越广泛地应用于各种工业生产过程的仿真中，在实体物料的塑性变形和破碎行为等试验难以完成的研究中，该方法往往可以取得突破性的成果。

在利用 BPM 模拟岩石的力学行为时，由小颗粒黏结而成的复杂颗粒块以及小颗粒之间的 Bonding 键都可以发生变形或断裂。理论上，利用 BPM 可以解释岩石的各种力学行为，而且和真实的岩石力学行为十分吻合。岩石复杂的宏观破碎行为是由许多微观机制组合而成的，该模型可以用于研究岩石破碎过程中的微观机制，因此可以用于预测岩石的宏观破碎行为。在 BPM 中，两两接触的颗粒之间承受作用力和力矩的情况如图 2-7 所示。

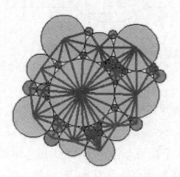 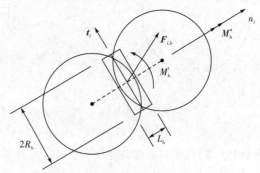

(a) Bonding-Particle的平面模型　　(b) Bonding-Particle的力学模型

图 2-7　Bonding-Particle 模型

当颗粒由 Bonding 键黏结在一起后，连接横梁上承受的力矩和作用力按式（2-40）~式（2-43）进行调整，即

$$\delta \boldsymbol{F}_{n,b} = -k_b^n A_1 \Delta \boldsymbol{U}_n \tag{2-40}$$

$$\delta \boldsymbol{F}_{t,b} = -k_b^t A_1 \Delta \boldsymbol{U}_t \tag{2-41}$$

$$\delta M_b^n = -k_b^t J \Delta \Theta_n \tag{2-42}$$

$$\delta M_b^t = -k_b^n \frac{J}{2} \Delta \Theta_t \tag{2-43}$$

式中　$\delta \boldsymbol{F}_{n,b}$——Bonding 键承受的法向力，N；

　　　$\delta \boldsymbol{F}_{t,b}$——Bonding 键承受的切向力，N；

　　　K_b^n——法向比例系数；

　　　K_b^t——切向比例系数；

　　　δM_b^n——Bonding 键的法向弯矩，N·m；

　　　δM_b^t——Bonding 键的切向弯矩，N·m；

　　　A_1——Bonding 键横截面面积，m²；

　　　$\Delta \boldsymbol{U}_n$——Bonding 键的法向变形量，m；

　　　$\Delta \boldsymbol{U}_t$——Bonding 键的切向变形量，m；

　　　$\Delta \Theta_n$——Bonding 键的法向角位移，rad；

$\Delta\Theta_t$——Bonding 键的切向角位移,rad;

J——Bonding 键的转动惯量,kg·m^2。

上述变量的计算公式分别为

$$\Delta U_n = v_n \delta t \tag{2-44}$$

$$\Delta U_t = v_t \delta t \tag{2-45}$$

$$\Delta\Theta_t = \omega_t \delta t \tag{2-46}$$

$$\Delta\Theta_n = \omega_n \delta t \tag{2-47}$$

$$A_1 = \pi R^2 \tag{2-48}$$

$$J = \frac{1}{2}\pi R^4 \tag{2-49}$$

式中　v_n——Bonding 键的法向变形速度,m/s;

　　　v_t——Bonding 键的切向变形速度,m/s;

　　　δt——Bonding 键变形时间,s;

　　　ω_n——Bonding 键的法向转动速度,rad/s;

　　　ω_t——Bonding 键的切向转动速度,rad/s;

　　　R——Bonding 键的界面半径,m。

　　如图 2-8 所示为不同受力形式下的两两接触颗粒之间的关系[30]。由图 2-8 可知,Bonding 键在破碎过程中主要承受拉伸、挤压以及扭转等作用力,如果 Bonding 键承受的最大拉应力或者剪切应力超过许用应力,Bonding 键就会断裂,此时物料将破碎。通常,BPM 模型在数值模拟中的破碎行为除了受到破碎设备施加的作用力影响外,还往往受到颗粒密度、颗粒形状、颗粒分布情况、颗粒群的压缩情况以及颗粒之间 Bonding 键的微观特征影响。

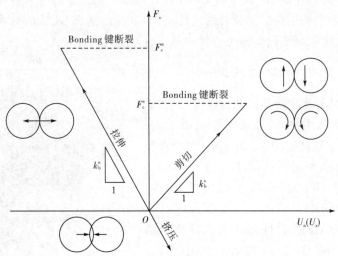

图 2-8　Bonding 键连接的两颗粒间力学分析

　　在进行 DEM 数值模拟时,要实时对破碎模型中 Bonding 键的受力情况进行监测计算,以便校核其是否超过了 Bonding 键的许用应力。拉应力和剪切应力的计算公式及要求分别为

$$\bar{\sigma}_{\max} = \frac{\boldsymbol{F}_{\mathrm{n,total}}}{A} + \frac{2M_{\mathrm{b}}^{\mathrm{n}}}{J}R_{\mathrm{b}} < \sigma_{\mathrm{c}} \qquad (2\text{-}50)$$

$$\bar{\tau}_{\max} = \frac{\boldsymbol{F}_{\mathrm{t,total}}}{A} + \frac{2M_{\mathrm{b}}^{\mathrm{t}}}{J}R_{\mathrm{b}} < \tau_{\mathrm{c}} \qquad (2\text{-}51)$$

式中　$\bar{\sigma}_{\max}$——Bonding 键承受的最大拉应力,Pa;

　　　$\bar{\tau}_{\max}$——Bonding 键承受的最大剪切应力,Pa;

　　　σ_{c}——Bonding 键承受的许用拉应力,Pa;

　　　τ_{c}——Bonding 键承受的许用剪切应力,Pa。

2.2　图形学算法在离散元法中的应用

基于离散元法的模拟运算过程中包含了大量的计算机图形学算法问题。比如,颗粒群的生成、颗粒碰撞检测预处理等。当利用离散元法对大数量的颗粒系统进行数值模拟时,计算机的运算量和数据存储量都将随着颗粒数量的增加而呈几何级数增长,从而导致整个模拟过程费时费力。解决颗粒数量对离散元计算的限制已成为离散元法应用和发展过程中亟待解决的重要问题之一[136]。

随着 GPU 技术的发展,GPU 除了应用于图形处理外,还能用于应用计算,GPU 的并行处理功能能够在很大程度上提高计算速度。基于 GPU 的加速算法已经在动画绘制等方面取得了应用[184,185],为解决离散元法应用中大数量的颗粒系统的高效运算问题提供了一种新方法。

基于此,本节将基于 GPU 的计算机图形学加速算法应用于颗粒离散元法模拟过程,建立料斗的颗粒充填模型,并基于 CPU 和 GPU 两种不同运算方法对料斗充填过程进行数值模拟,进而对模拟过程的运算时间进行比较,以验证基于 GPU 的计算机图形学加速算法应用于颗粒离散元法模拟的可行性和有效性。

2.2.1　料斗模型的建立

利用 Creo 软件建立料斗的几何模型,并将该模型作为颗粒充填的容器,其结构形状如图 2-9 所示。其中,料斗总高度为 2 000 mm,大端直径 D_1 为 2 000 mm,大端圆柱高 H_1 为 500 mm,小端直径 D_2 为 1 000 mm,小端圆柱高 H_3 为 1 000 mm。

利用 Stream DEM 软件建立模拟运算的虚拟边界,新建圆柱几何模型,其半径为 1 000 mm,高为 1 000 mm,并将其设置为虚拟边界。充填颗粒的材料属性设置为煤块,颗粒粒径分布采用等粒径分布,颗粒碰撞模型为赫兹模

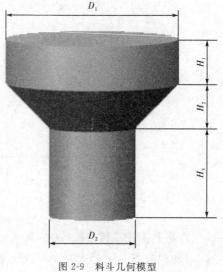

图 2-9　料斗几何模型

型,静态填充率设置为 0.2。采用通过改变粒径大小的方法获得不同的充填颗粒数量,模拟过程中所采用的不同颗粒粒径以及对应的颗粒数量见表 2-1,煤与钢的物理参数见表 2-2。

表 2-1 不同粒径颗粒数量

颗粒粒径/mm	19.0	13.0	11.1	9.5	8.8	8.0
颗粒总数	9 868	29 180	49 492	78 947	99 325	132 202

表 2-2 煤与钢的物理参数

物理参数	密度/(kg·m⁻³)	泊松比	剪切模量/Pa	弹性恢复系数	静摩擦系数	滚动摩擦系数
煤	1 300	0.3	1.0×10^9	煤-煤 0.5	煤-煤 0.6	煤-煤 0.05
钢	7 861	0.29	7.992×10^{10}	钢-煤 0.5	钢-煤 0.4	钢-煤 0.05

2.2.2 充填过程模拟及结果

利用 Stream DEM 离散元模拟软件进行模拟运算,将用上述方法所建立的几何模型转化为 .stl 图形格式并导入 Stream DEM 软件,对颗粒的充填过程进行模拟。在模拟过程中,分别采用 Stream DEM 软件中内置的 CPU 和 GPU 功能模块进行运算。基于 CPU 运算时,所利用的硬件为英特尔 G41 Express Chipset(1 GB/戴尔 OptiPlex 380 Mini Tower);基于 GPU 运算时,所利用的硬件为英伟达 GeForse GTX 650 显卡。模拟运算的时间步长设置为 1.0×10^{-5} s,总物理时长设置为 1 s。

颗粒充填料斗过程的离散元法模拟结果如图 2-10 所示。其中,图 2-10(a)所示为基于 CPU 的模拟结果,图 2-10(b)所示为基于 GPU 的模拟结果。根据所得模拟结果,可获得基于 CPU 和 GPU 的不同数量颗粒完成充填所需的运算时间,如图 2-11 所示。

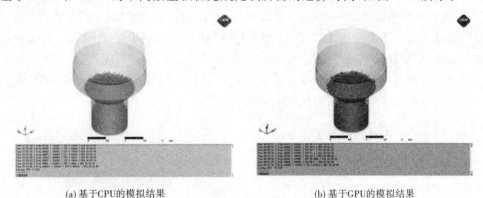

(a) 基于CPU的模拟结果   (b) 基于GPU的模拟结果

图 2-10 颗粒充填料斗过程的离散元法模拟结果

由图 2-11 可以看出,基于 CPU 模拟时,所需的运算时间随着颗粒数量的增多而快速增加。而基于 GPU 模拟时,所需的运算时间随着颗粒数量的增多而缓慢增加。当颗粒数量相同时,基于 CPU 模拟所需时间均显著多于基于 GPU 模拟所需时间,并且随着颗粒数量的增加两者的运算效率差别越发显著。当颗粒数量约为 10 000 个时,CPU 运算需要 1 258 s,而 GPU 运算仅需 132 s,运算效率相差近 10 倍。当颗粒数量增加至约为 1.3×10^5 个时,CPU 运算时间极大增加至 14 010 s,而 GPU 运算则仅需 1 270 s,两者运算效率相差约 10 倍。可见,基于 GPU 的加速算法能显著提高离散元法的运算效率。

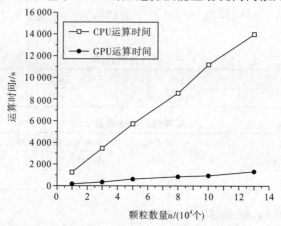

图 2-11 基于 CPU 和 GPU 的料斗充填过程运算时间

2.3 本章小结

本章主要介绍了离散元法的颗粒接触理论、单元模型计算原理以及求解流程,并详细介绍了 DEM 中三种典型的颗粒接触模型:Hertz-Mindlin 模型、Linear Cohesion 模型和 Bonding-Particle 模型。同时利用 Stream DEM 离散元模拟软件对料斗的颗粒充填过程进行了数值模拟,并对基于 CPU 和 GPU 加速算法的运算过程进行了比较。主要结论如下:

(1)随着模拟颗粒数量的增加,基于 CPU 的运算时间急剧增加,而基于 GPU 的运算时间则缓慢增加。当颗粒数量相同时,基于 GPU 的计算机图形学加速算法的运算效率比基于 CPU 的运算效率提高了约 10 倍。

(2)基于 GPU 的计算机图形学加速算法可显著提高离散元程序的运算效率,为提高大数量的颗粒系统的离散元法模拟效率提供了新方法。

第3章

圆振动筛的离散元法模拟优化设计

3.1 DEM 试验验证研究

由 DEM 基本原理可知，DEM 能够准确地追踪、记录颗粒系统中颗粒的位置、速度等运动状态及受力情况。本节采用正交试验法，利用自制的圆振动试验筛进行筛分试验，并采用高速动态试验系统对筛分过程中颗粒的运动情况进行拍摄和分析，将所得筛分效率以及颗粒的运动状态与 DEM 数值模拟结果进行比较，验证 DEM 模拟的可靠性。

3.1.1 试验装置与物料准备

1.试验装置

如图 3-1 所示为自制的圆振动试验筛，主要由激振器、筛框、主振弹簧、调节螺杆等组成。支架由槽钢焊接而成，长×宽×高尺寸为 970 mm×430 mm×690 mm，振动筛主体结构由主振弹簧、羊眼螺栓吊挂在支架上。

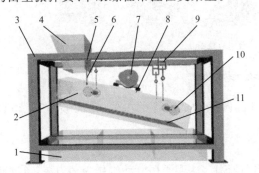

图 3-1　圆振动试验筛

1—接料槽；2—侧板；3—支架；4—料斗；5—羊眼螺栓；6—主振弹簧；7—振动电动机；

8—电动机座；9—调节垫块；10—横梁；11—筛面；12—变频器

激振器采用一台 YZS-1.0-4 型激振电动机，最大激振力为 1 kN，额定转速为

1 500 r/min,功率为 0.09 kW。筛框采用有机玻璃板通过螺栓连接组装而成,这样有利于试验过程中的观测和拍摄。同时在筛框的边缘开有一系列的孔,这样电动机座就可以沿筛框的长度方向进行适当的移动,从而调整振动电动机的作用位置。

2. 物料选择与准备

筛分物料采用石子,其粒径范围为 2~15 mm,粒级分布情况见表 3-1。

表 3-1　　物料粒级分布情况

粒级分布/mm	2~4	4~6	6~8	8~10	>10
质量/kg	1.6	3.5	3.2	3.5	2.0

在筛分试验之前,用标准检验筛将不同粒径的颗粒分为不同的组。按 GB/T 6003.1—2012 选用标准检验筛,其孔径从左至右依次为 10 mm,8 mm,6 mm, 4 mm,2 mm。标准筛与所得的筛选物料如图 3-2 所示。

图 3-2　筛分物料

在筛分物料中掺入部分如图 3-3 所示的彩色石子。彩色石子的粒径较大(14 mm 左右),其主要原因为大粒径颗粒不易被埋没在粒群中,便于观察其运动轨迹,同时大粒径颗粒对筛分过程影响较小。

图 3-3　筛分用彩色石子

3.1.2　测试系统参数的调整与测量

为了满足不同的试验条件要求,所设计的圆振动试验筛的振幅、筛面倾角、振动频率等参数均可以调节。

1. 振幅的调节与测量

试验筛采用新乡振动机械厂生产的一台 YZS-1.0-4 型激振电动机作为动力源,通过调节振动电动机两偏心块之间的相对夹角来改变激振力的大小,从而实现试验筛振幅的调节。

如图 3-4 所示,激振电动机的偏心块夹角分别为 0°,30°,60°,90°。采用北京东方振动和噪声技术研究所的振动测试系统测量不同夹角时的筛箱振幅。筛箱运动轨迹的测量原理如图 3-5 所示,其中筛箱铁块 5 的尺寸为 100 mm×50 mm×5 mm(长×宽×厚),可用于磁铁 6 的固定;4 和 7 分别为 y 向和 x 向加速度传感器,通过对加速度传感器的测量值进行二次积分,即可得到该点的 y 向和 x 向的运动轨迹,并通过李萨如分析获得该点的运动轨迹曲线。

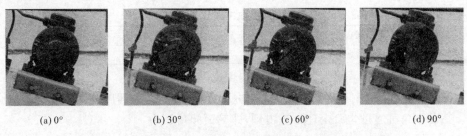

(a) 0°   (b) 30°   (c) 60°   (d) 90°

图 3-4 振幅调节

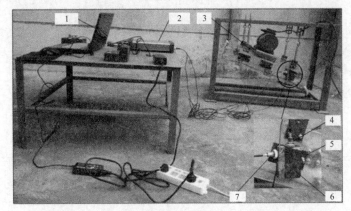

图 3-5 筛箱运动轨迹测量原理

1—电脑;2—INV3018CT 型 24 位高精度数据采集分析仪;3—振动试验筛;
4—y 向加速度传感器;5—筛箱铁块;6—磁铁;7—x 向加速度传感器

北京东方振动与噪声技术研究所的振动测试系统测量仪器的主要组成硬件有 INV9821 型加速度传感器以及 INV3018CT 型高精度数据采集分析仪,软件系统为 Coinv DASP MAS 动力学分析软件。如图 3-6 所示为两种不同工况下的筛箱运动轨迹,通过筛箱运动轨迹即可得出该工况下的振幅值。

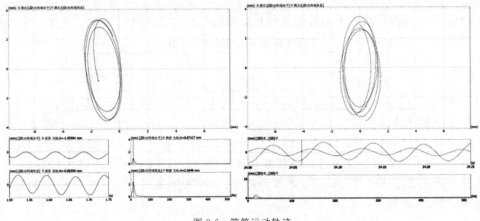

图 3-6 筛箱运动轨迹

所测得的筛箱运动轨迹为椭圆形,将椭圆长半轴与短半轴之和的一半作为 DEM 模拟时的筛箱振幅值。通过调节振动电动机偏心块,可获得不同偏心块夹角时的筛箱振幅值,所得结果列于表 3-2。

表 3-2 不同工况下振幅值

电机偏心块夹角/(°)	0	30	60	90
振幅值/mm	2.00	1.75	1.50	1.25

2. 筛面倾角的调节

如图 3-7 所示,筛面倾角通过调节垫块进行大幅度调节,并利用羊眼螺栓进行倾角的微调。筛面倾角可通过勾股定理计算得到,即筛面倾角 α 为

$$\alpha = \arctan \frac{L_1 - L_2}{L} \tag{3-1}$$

式中 L_1——出料端调节螺杆与支架间的距离,mm;

L_2——入料端调节螺杆与支架间的距离,mm;

L——支架上两调节螺栓孔的距离,mm,$L = 400$ mm。

筛面倾角的调节原理如图 3-7 所示。

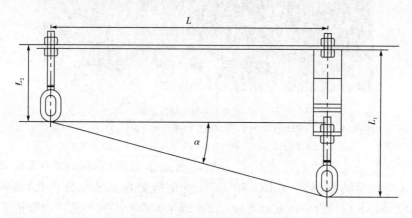

图 3-7 筛面倾角的调节原理

由式(3-1)计算所得的不同筛面倾角对应的各参数调节值见表 3-3。

表 3-3 不同筛面倾角对应的调节参数

筛面倾角 α/(°)	12		15		18		21	
参数调整/mm	L_1	L_2	L_1	L_2	L_1	L_2	L_1	L_2
	420	335	420	313	400	270	424	270

3. 振动频率的调节

振动电动机的频率可通过变频器来进行调节,此处采用的变频器型号为 CDI9200-G1R5T4。通过变频器的旋钮可以调节振动频率,同时可以控制振动电动机的启停,变频器的显示器可以直观地读出试验筛的振动频率,但变频器显示的频率与试验筛的振动频率是不同的,其计算公式为

$$n = 60 f_b / p_c \tag{3-2}$$

式中 n——电动机同步转速，r/min；

f_b——变频器显示频率，Hz；

p_c——磁极对数。

此处的试验筛采用的是 YZS-1.0-4 型激振电动机，磁极对数为2，故电动机的振动频率为变频器显示频率的一半。同时，电动机的振动频率也可以通过北京东方振动和噪声技术研究所的振动测试系统测得。

4. 筛面颗粒运动状态的获取

为了获取筛面倾角、振动频率、振幅等振动参数对颗粒运动轨迹以及颗粒沿筛面的运动速度的影响，利用高速摄像系统对物料中的彩色颗粒的筛分过程进行拍摄，并利用专用的数据分析软件求得颗粒位置及运动速度的变化规律。

高速动态图像采集系统由高速数字摄像机、图像采集卡、计算机、监视器以及辅助光源等组成，如图 3-8 所示。

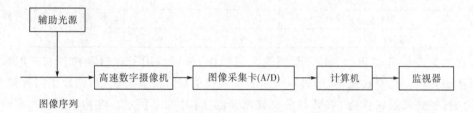

图 3-8 高速动态图像采集系统的工作原理

高速动态图像采集系统中的主要部件为日本 NAC 高速数字摄像机，其最高拍摄速度可达到 2 000 幅/秒，并可根据需要调节拍摄速度。此处，试验过程中采用的拍摄速度为 100 幅/秒。该摄像机拍摄的画面以数字形式记录在磁盘中，并配有专用软件"NAC MOVIAS FOR WINDOWS"对信号进行分析。

整个筛分试验系统由振动试验筛和高速动态分析系统两部分组成，其工作原理如图 3-9 所示。试验过程中，高速数字摄像机从试验筛侧面拍摄和记录物料颗粒的筛分过程，用软件"NAC MOVIAS FOR WINDOWS"对数据进行处理，可获得追踪颗粒的运动轨迹，从而获得追踪颗粒在任意时刻的位移、速度和加速度等信息。

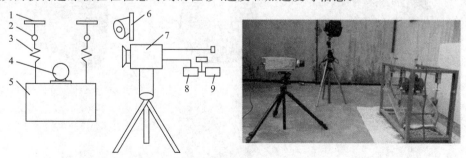

图 3-9 高速动态筛分试验系统的工作原理

1—支架；2—调节螺杆；3—主振弹簧；4—振动电动机；5—筛体；6—光源；

7—高速数字摄像机；8—信号记录仪；9—信号显示器

5. DEM 模拟参数设置

此处,利用离散元仿真软件 EDEM 对颗粒物料的圆振动筛分过程进行模拟。表 3-4 中所列为 DEM 模拟过程中采用的圆振动筛模型几何参数及模拟参数。其中,采用的圆振动筛几何模型与试验筛的结构一致,圆振动筛模型的外形尺寸为 710 mm×365 mm× 165 mm,颗粒模型的粒径同样为 2～15 mm,且粒径分布情况与表 3-1 所列一致。另外,筛分试验与 DEM 数值模拟所用的各粒级石子的入料速度相同,控制入料总时间为 1.5 s。DEM 模拟过程中所采用的物理学参数见表 2-2。

表 3-4　　　　　　　　　　模型几何参数及模拟参数

参数名称	参数取值				
试验筛尺寸(长×宽×高)/mm	710×365×165				
振动模式	圆振动				
颗粒直径 d/mm	2～15				
入料总时间 t/s	1.5				
颗粒相对粒度 i	0.2～0.4	0.4～0.6	0.6～0.8	0.8～1.0	1.0～1.5
进料速度/(kg·s^{-1})	0.400	0.875	0.800	0.875	0.500

在圆振动筛分过程的 DEM 数值模拟过程中,分别采用了球形颗粒和非球形颗粒。为了使颗粒模型具有代表性,经过对大量石子颗粒的尺寸测量分析后,构建了三种具有代表性的石子颗粒形状作为 DEM 筛分研究用颗粒,如图 3-10 所示。在构建颗粒模型时,首先在 Creo 中建立等体积直径为 2 mm 的非球形颗粒,然后通过 Creo 中的缩放功能,实现颗粒的缩放,得到粒径为 4 mm,6 mm,8 mm,10 mm,12 mm,14 mm 等尺寸的颗粒。之后,在 DEM 中通过颗粒填充法获得所需的非球形颗粒。其中:胶囊形颗粒由 3 个同直径的球颗粒填充而成;块状颗粒由 1 个大球与 4 个同直径的小球颗粒填充而成;不规则多面体颗粒由 1 个大球颗料和 18 个小球颗粒填充而成。Cleary 等[186] 的研究表明,对颗粒系统进行 DEM 模拟时,采用等体积直径不仅能较好地表征非球形颗粒的尺寸大小,而且能够得到良好的模拟效果和精度。因此,此处采用等体积直径法,即各粒径的 3 种非球形颗粒与同粒径的球形颗粒具有相同的体积,对球形颗粒和非球形颗粒的筛分过程进行 DEM

(a) 胶囊形颗粒　　　　　(b) 块状颗粒　　　　　(c) 不规则多面体颗粒

图 3-10　非球形颗粒

模拟研究。

如图 3-11 所示为不同形状颗粒筛分过程的 DEM 模拟结果。其中，图 3-11(a)和 3-11(c)所示为根据粒径的大小，将颗粒依次映射为不同的颜色；图 3-11(b)和 3-11(d)所示为根据颗粒沿水平方向速度大小映射为不同的颜色。

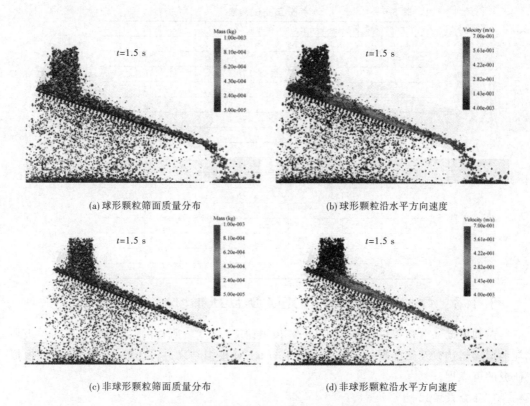

(a) 球形颗粒筛面质量分布　　　　　　　　　(b) 球形颗粒沿水平方向速度

(c) 非球形颗粒筛面质量分布　　　　　　　　(d) 非球形颗粒沿水平方向速度

图 3-11　不同形状颗粒筛分过程的 DEM 模拟结果

6. 试验方案

采用 Minitab 试验设计软件进行正交试验设计，调节的参数有振幅、频率和筛面倾角，设计三因素四水平筛分正交试验表。试验基本信息及筛分正交试验设计结果，分别见表 3-5 和表 3-6。

(1) 采用表 3-6 进行筛分试验，获得不同工况下振动筛的筛分效率，并将结果与 DEM 数值模拟结果进行比较分析，验证 DEM 模拟的可靠性。

(2) 利用高速动态分析系统对筛分过程中不同粒级颗粒的运动轨迹进行拍摄，利用分析软件获得颗粒的位置信息，绘制其运动轨迹图，并与 DEM 数值模拟结果进行比较分析。

(3) 利用高速动态分析系统对筛分过程中颗粒群的运动进行拍摄，通过专用软件 "NAC MOVIAS FOR WINDOWS" 对所拍摄文件进行分析，获得筛面颗粒运动速度，并将所得结果与 DEM 数值模拟结果进行比较，验证 DEM 模拟颗粒群运动的可靠性。

表 3-5 　　　　　　　　试验基本信息

因素	水平			
筛面倾角 $\alpha/(°)$	12	15	18	21
筛面振幅 A/mm	2.00	1.75	1.50	1.25
振动频率 f/Hz	12	14	16	18

表 3-6 　　　　　　　　筛分正交试验表

序号	筛面振幅 A/mm	筛面倾角 $\alpha/(°)$	振动频率 f/Hz
1	2.00	12	12
2	2.00	15	14
3	2.00	18	16
4	2.00	21	18
5	1.75	12	14
6	1.75	15	12
7	1.75	18	18
8	1.75	21	16
9	1.50	12	16
10	1.50	15	18
11	1.50	18	12
12	1.50	21	14
13	1.25	12	18
14	1.25	15	16
15	1.25	18	14
16	1.25	21	12

3.1.3 筛分试验结果与 DEM 模拟结果对比

对圆振动筛分过程进行试验和 DEM 模拟研究，将试验所得的筛分效率、不同粒级颗粒的运动轨迹以及筛面颗粒运动速度结果与 DEM 模拟结果进行比较，以验证 DEM 模拟研究的可靠性。

1. 筛分效率比较

在实际筛分过程中，通常将筛分效率和筛机的处理能力作为筛分效果的评定指标。其中，筛分效率反映物料筛分完成程度的质量指标，而处理能力则反映筛分的数量指标。

量筛分效率指实际筛下物的质量占入料中小于筛孔粒级的物料质量的百分比，其计算公式为

$$\eta_{量}=\frac{C}{Q\frac{\alpha}{100}}\times100\%=\frac{C}{Q\alpha}\times10^4\%\qquad(3-3)$$

式中 　$\eta_{量}$——量筛分效率，%；

　　　C——筛下物的质量，t；

　　　Q——入料总质量，t；

　　　α——入料中小于筛孔粒级的质量分数，%。

部分筛分效率的定义：筛下物中某一粒级颗粒的质量占入料中同一粒级颗粒的质量分数。其计算公式与量筛分效率计算公式相似：C 表示某一粒级筛下物的质量；Q 表示该粒级的物料总质量；α 表示入料中该粒级的质量分数。

（1）量筛分效率比较

振动试验筛得到的量筛分效率与 DEM 数值模拟得到的量筛分效率统计结果见表 3-7。依据表 3-7 中的数据，可获得如图 3-12 所示的筛分试验与 DEM 模拟的筛分效率相对误差结果。

表 3-7　　　　　　　　　　　试验与 DEM 模拟的筛分效率统计　　　　　　　　　　%

试验组数	1	2	3	4	5	6	7	8
试验值	87.1	62.5	42.2	45.2	58.1	58.1	28.5	28.8
球形颗粒模拟值	97.5	90.6	66.5	66.0	79.5	85.1	54.1	50.8
非球形颗粒模拟值	92.1	68.2	47.5	49.1	61.2	61.5	31.2	30.5
试验组数	9	10	11	12	13	14	15	16
试验值	51.5	38.4	63.3	43.4	47.4	53.9	62.2	61.5
球形颗粒模拟值	80.1	59.8	83.6	62.8	66.8	71.5	81.2	80.6
非球形颗粒模拟值	54.7	42.3	67.5	48.2	52.6	58.5	66.7	65.8

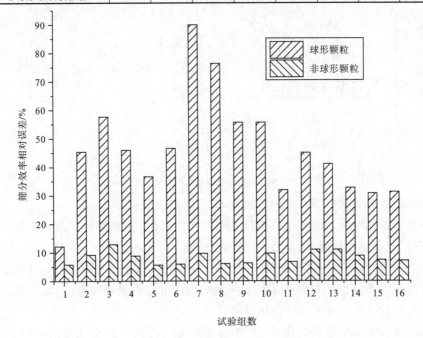

图 3-12　试验与 DEM 模拟的量筛分效率相对误差

由图 3-12 可知，利用球形颗粒模型进行筛分过程 DEM 模拟所得的量筛分效率与试验样机的筛分效率相对误差较大，最大相对误差达到 89%，最小也有 11.9%。其主要原因是筛分试验所用的物料颗粒形状较为复杂，相比球形颗粒，其透筛效果较差，且不利于物料颗粒的分层。而利用非球形颗粒模型进行 DEM 数值模拟时，所得量筛分效率的最大相对误差为 12.5%，最小相对误差仅为 5.3%，与试验筛的试验结果较为接近。

（2）部分筛分效率比较

如图 3-13 所示为粒径比为 0.2～0.4，0.4～0.6，0.6～0.8，0.8～1.0 的第 3，7，8，12 组振动试验筛的部分筛分效率的试验结果与 DEM 数值模拟结果的相对误差比较结果。可以看出，利用球形颗粒模型的模拟结果与试验结果之间的相对误差均较大，而非球形颗粒的相对误差在 10% 附近波动。可见，利用非球形颗粒模型进行筛分过程的模拟研究，能够获得更准确的结果。

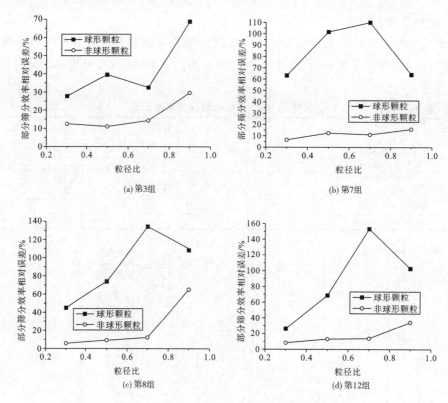

(a) 第3组

(b) 第7组

(c) 第8组

(d) 第12组

图 3-13   试验与 DEM 模拟部分筛分效率相对误差

本次试验所得的试验筛的筛分效率较低,主要原因包括:

①振动试验筛的尺寸较小。试验筛的筛板长度较短,物料颗粒在筛面上的停留时间过短,没有充分分层和透筛就运动到出料端,从而影响筛分效果。

②选用振动电动机时,受试验筛尺寸限制,所选电动机的激振力较小,导致试验筛振幅的最大值仅为 2 mm,同样影响了筛面物料的振动分层后透筛效果。

2. 不同粒径颗粒在筛面上运动轨迹比较

不同粒径的颗粒在筛面上具有不同的运动状态。在同一振动强度的筛面上,不同粒度的颗粒,其运动状态不同,大颗粒跳得高且远,小颗粒跳得低且近[187]。为获得筛面颗粒的运动状态,利用上述高速动态试验系统对筛面颗粒的运动过程进行拍摄。图 3-14 为振幅为 2 mm、筛面倾角为 18°、振动频率为 16 Hz 时,颗粒粒径为 4 mm,8 mm,12 mm 的三种颗粒在筛面上的运动状态高速动态图。将所得的高速动态试验结果与相应的 DEM 模拟结果整理后,可得到如图 3-15 所示的不同粒径颗粒在筛面上的运动轨迹比较结果。

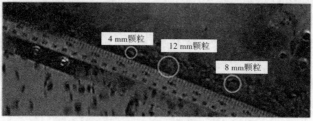

图 3-14   筛分过程(高速动态)

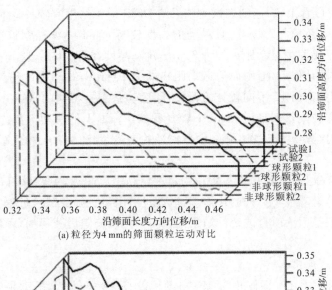

(a) 粒径为 4 mm 的筛面颗粒运动对比

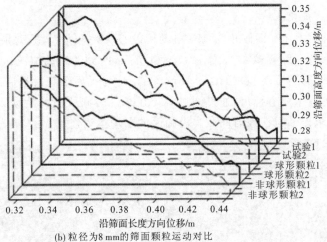

(b) 粒径为 8 mm 的筛面颗粒运动对比

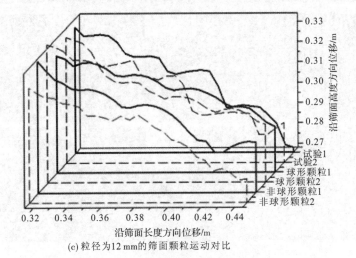

(c) 粒径为 12 mm 的筛面颗粒运动对比

图 3-15　不同粒径颗粒筛面运动轨迹对比

由图 3-15 可以看出,高速动态试验结果与 DEM 模拟结果有较一致的变化规律,大颗粒在筛面上的跳动距离相对较远,且跳动的高度较高。4 mm 粒径颗粒在筛面上进行一次跳动动作后,沿筛面的运动距离约为 8 mm,跳动高度约为 3 mm;12 mm 粒径颗粒在筛面上进行一次跳动动作后,沿筛面的运动距离约为 25 mm,跳动高度约为 7 mm。可见:在同一振动强度的筛面上,不同粒径的颗粒,其运动状态是不同的,粒径大的颗粒跳得高且远,粒径小的颗粒跳得低且近。4 mm 粒径颗粒在筛面上的跳动次数约为 9 次,12 mm 粒径颗粒的跳动次数约为 5 次。随着颗粒粒径的增大,跳动次数会相应减少,颗粒每次跳动的距离则增大。

图 3-15 中部分 DEM 模拟所得颗粒的单次跳动距离较远,主要原因是模拟过程中颗粒模型生成较早,运动在物料群的最前端,运动没有阻碍。筛分试验过程中的颗粒运动轨迹较为均匀,主要是因为所得的统计结果是在粒群运动稳定后获得的,颗粒随粒群运动比较均匀。

3. 颗粒运动速度比较

如图 3-16 所示为在筛面倾角为 15°、电动机偏心块夹角为 0°、振动频率为 14 Hz 的工况下,物料中的彩色示踪颗粒在 4.0 s,4.5 s 和 5.0 s 时刻的运动情况。图中用椭圆圈出试验中放入的 5 个彩色颗粒(粒径在 14 mm 左右)。为了便于统计颗粒在筛面上的运动位置,在试验筛侧板上贴有标尺,通过测量颗粒在某一时间段内的运动距离,由速度与位移的关系式可以求得颗粒在该时间段内沿筛面的平均运动速度。

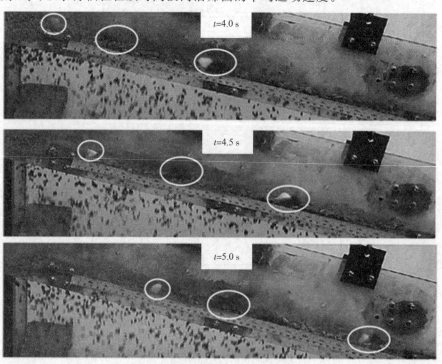

图 3-16　不同时刻颗粒的高速动态图

筛分过程 DEM 模拟的颗粒运动速度获取方法与高速动态计算速度法原理相似,所得结果如图 3-17 所示。通过在筛体上构建一个长方体统计区域,其沿筛面长度为 600 mm,分别统计 5 个粒径为 14 mm 的颗粒在该区域的运动时间,取其平均值,得到颗粒在该区域的平均速度。

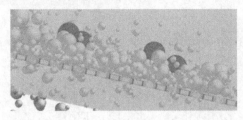

(a) 球形颗粒模拟场景

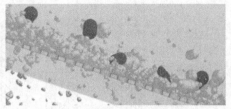

(b) 非球形颗粒模拟场景

(c) 球形颗粒沿水平方向位移曲线

图 3-17　DEM 模拟的速度统计原理

试验与模拟过程中的筛面颗粒运动速度结果列于表 3-8 中。可以看出,筛分试验颗粒运动速度较 DEM 模拟值要小,这是由于试验所用的物料颗粒形状较复杂,而 DEM 所用的颗粒形状为球形,球形颗粒的滚动作用较强,因而速度值相对较大。依据表 3-8 结果可得到试验与 DEM 模拟的颗粒沿筛面运动速度的相对误差,如图 3-18 所示。

表 3-8		试验与模拟速度统计						m/s
试验组数	1	2	3	4	5	6	7	8
试验值	0.074	0.107	0.19	0.547	0.103	0.118	0.47	0.418
球形颗粒模拟值	0.082	0.134	0.234	0.596	0.132	0.138	0.432	0.498
非球形颗粒模拟值	0.078	0.125	0.208	0.562	0.115	0.124	0.482	0.436
试验组数	9	10	11	12	13	14	15	16
试验值	0.114	0.128	0.103	0.339	0.128	0.267	0.131	0.105
球形颗粒模拟值	0.145	0.156	0.132	0.338	0.156	0.312	0.132	0.121
非球形颗粒模拟值	0.132	0.145	0.118	0.342	0.142	0.285	0.146	0.119

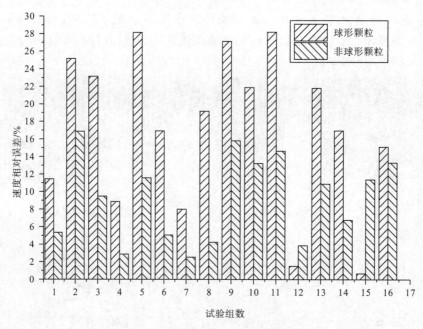

图 3-18　试验与 DEM 模拟速度相对误差

由图 3-18 可以看出,采用球形颗粒进行 DEM 模拟结果与试验数据的相对误差在 20％附近波动,最大相对误差为 28％,最小相对误差为 1％,波动较大。而采用非球形颗粒所得相对误差在 10％附近波动,最大相对误差为 17％,波动范围较球形颗粒小。从对比结果可知,采用球形颗粒进行筛分过程数值模拟得到的颗粒运动速度与试验结果相差较大,采用非球形颗粒进行 DEM 数值模拟能够获得与试验较一致的筛分效果。

在筛分过程中,物料的粒径不同,其在筛面上的运动速度也不同。由颗粒运动速度比较的结果可知,大颗粒在一次抛掷运动中跳得高且远。以下对筛面倾角为 15°、电动机偏心块夹角为 0°、振动频率为 28 Hz 工况下,不同粒径颗粒在筛面上的运动速度进行进一步的对比分析。

由表 3-9 中列出的不同粒径颗粒的速度值可以看出,筛分试验与 DEM 模拟所得的颗粒运动速度都呈现出随着颗粒粒径的增大其运动速度随之增大的趋势。

表 3-9　　　　　　　　不同粒径颗粒的试验与模拟速度统计

颗粒粒径/mm	0.4	0.6	0.8	1.0	1.2
试验值/$(m \cdot s^{-1})$	0.213	0.295	0.320	0.410	0.480
球形颗粒模拟值/$(m \cdot s^{-1})$	0.240	0.350	0.366	0.427	0.480
非球形颗粒模拟值/$(m \cdot s^{-1})$	0.221	0.319	0.321	0.336	0.415

试验结果与 DEM 模拟结果存在误差的来源主要有:

(1)真实的振动试验筛存在制造误差和激振力的位置偏差,导致试验筛的运动形式并非为标准的圆运动。

(2)根据高速动态分析系统进行试验数据分析和处理时,会产生一定的数据误差。

(3)此处数值模拟的颗粒模型形状为球形和 3 种非球形颗粒,与实际筛分试验所用的真实颗粒形状均具有明显的区别。

在上述误差的综合作用下,导致试验结果与 DEM 模拟结果存在一定的误差。但综合上述的分析可知,采用球形颗粒模型进行筛分过程的 DEM 模拟与试验结果的相对误差较大,而采用非球形颗粒模型进行 DEM 数值模拟能够取得更加准确的结果。

3.1.4　小　结

本节介绍了自制圆振动试验筛的结构原理,采用 Minitab 试验设计软件进行了正交试验设计。在振动试验筛上进行筛分试验,并将所获得的不同工况下振动筛的筛分效率,利用高速动态分析系统获得的不同粒级颗粒的运动轨迹、筛面颗粒运动速度结果与 DEM 数值模拟结果比较。结果表明,当采用真实物理参数及振动参数时,采用非球形颗粒进行筛分过程的 DEM 模拟具有较高的模拟精度和可靠性,能够较准确地模拟颗粒及粒群的运动行为。

3.2　圆振动筛的筛分过程 DEM 模拟与试验研究

振动筛分是一个复杂的过程,受到振动参数、工艺参数及物料性质等多种因素的影响。筛分过程理论是研制振动筛分设备的基础理论,对筛分技术和筛分设备的发展具有重要的推动作用。由于离散元法可以得到难以测量的颗粒级微观信息,能够帮助人们理解离散颗粒物质的微观及宏观特性,代替部分物理试验。因此,DEM 已成为研究颗粒系统运动行为的一种有效数值模拟方法,得到了广泛的应用[25]。

在上节的基础上,本节主要研究圆振动筛的筛分过程中,筛面颗粒运动速度和部分筛分效率与振动频率、振幅、筛面倾角和筛面长度之间的关系。颗粒形状对其运动及透筛行为具有显著的影响,为进一步理解颗粒形状对筛分过程的影响机理,采用胶囊形、块状、不规则多面体三种颗粒模型进行圆振动筛的筛分过程 DEM 模拟研究。

3.2.1　物料筛分过程数学模型

1. 筛分效果的评定指标

筛分效率和处理能力是评价筛分效果的两个重要指标。其中,筛分效率的计算方法有:

(1)量筛分效率

量筛分效率指实际筛下物的质量占入料中小于筛孔尺寸的物料质量的百分比,其计算公式见式(3-3)。

(2)总筛分效率

总筛分效率[1]指应该回收的效率减去不该回收的粗粒物料损失率。它不仅反映小于规定粒度的物料留在筛上产品中的损失,也考虑了粗粒物料透筛的损失,其计算公式为

$$\eta_s = \frac{(\alpha_1 - \theta_1)(\beta_1 - \alpha_1) \times 100}{\alpha_1 (\beta_1 - \theta_1)(100 - \alpha_1)} \times 100\%$$ (3-4)

式中　η_s——总筛分效率,%;

　　　α_1——入料中小于规定粒度细粒物料的质量分数,%;

　　　β_1——筛下物中小于规定粒度细粒级的质量分数,%;

θ_1——筛上物中小于规定粒度细粒级的质量分数,%。

量筛分效率与总筛分效率的计算公式虽然不同,但也没有实质的差别,当筛下物中粗粒含量少时,$\beta_1 \approx 100\%$,此时的量筛分效率即为总筛分效率的特例。

(3)部分筛分效率

部分筛分效率与总筛分效率关系密切,细粒级的部分筛分效率总是大于总筛分效率,且级别越细,其值越大;难筛分颗粒的部分筛分效率总是小于总筛分效率,并且难筛分颗粒尺寸越接近筛孔尺寸,其值越低。

2.筛分效果与筛分参数的数学模型

物料在筛面上的运动速度一般用经验公式进行计算。筛面做圆运动时,物料运动平均速度(m/s)的计算公式[1]为

$$v_{\mathrm{m}} = \frac{K_Q N}{1\,000} \cdot \frac{n^2 A}{g} \left[1 + 22\sqrt{\tan^3 \alpha} \cdot \left(\frac{\alpha}{18} \right) \right] \tag{3-5}$$

式中　K_Q——修正系数,取决于筛机生产率,其数值按表 3-10 选取;

N——常数,$N = 0.18$ mm/s;

n——振动频率,次/min;

A——振幅,m;

α——筛面倾角,(°)。

表 3-10　　　　　　　　　　修正系数选取表

$Q_1/(\mathrm{m^3 \cdot m^{-1} \cdot h^{-1}})$	30	35	40	45	50	55	60	70	80	100	120
修正系数 K_Q	1.4	1.25	1.15	1.05	1.0	0.95	0.92	0.89	0.85	0.8	0.78

注:Q_1 表示每小时单位筛宽的容积生产率。

振动筛分过程中,筛面物料颗粒的透筛过程可用图 3-19 表示。当物料颗粒落至筛面时,其中部分颗粒不与筛面接触,并且被抛离筛面。另一部分颗粒与筛面发生接触,接触过程中,粒径小于筛孔尺寸的颗粒可能发生透筛而形成的筛下物,而粒径大于筛孔尺寸的颗粒和部分小粒径颗粒则未能透筛而被抛离筛面,并重复上述过程。

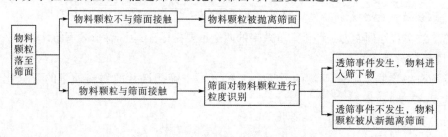

图 3-19　颗粒物料的透筛过程

设物料群中相对尺寸为 x 的物料颗粒,每次跳动接触筛面的概率为 $P(B)$,在筛面上每一次跳动时与筛面接触发生透筛的概率为 $P(A)$,则颗粒在一次跳动过程中的透筛概率为 $P(A)P(B)$。当只分析筛面筛孔及倾角相同的薄层筛分情况时,可认为每个周期各种颗粒有相同的透筛概率[188],即当筛分参数给定时,相对粒度为 x 的颗粒,每次跳动与筛面接触发生透筛的概率 $P(A)$ 为定值。物料进入筛上物的相对物料量 Q_x 为

$$Q_x = \prod_{n=1}^{i} [1 - P(A)P_n(B)] \tag{3-6}$$

式中　i —— 颗粒在筛面上的跳动次数；

　　　$P_n(B)$ —— 第 n 次跳动时颗粒接触筛面的概率。

对两边取对数并进行级数展开，取其前两项变换后得

$$L_n Q_x = -\left(P_A + \frac{P_A^2}{2}\right) \sum_{n=1}^{i} P_n(B) = -\left(P_A + \frac{P_A^2}{2}\right) i\overline{P}R \tag{3-7}$$

式中　$\overline{P}$ —— 颗粒每次与筛面接触的平均概率；

　　　R —— 黏附系数，由物料性质决定。

则相对粒度为 x 的部分筛分效率计算公式为

$$\eta_x = 1 - Q_{xi} = 1 - e^{-\left(P_x - \frac{P_x^2}{2}\right)i\overline{P}R} \tag{3-8}$$

由式(3-8)可知，相对粒度为 x 的物料的部分筛分效率与透筛概率和筛面颗粒跳动次数有密切的关系，颗粒透筛概率大，则部分筛分效率大；当筛面长度变大则物料在筛面上运动的周期数增多时，筛分效率也随着变大。

圆振动筛的抛掷指数 D 与抛离系数 i_D 的关系式为[189]

$$D = \sqrt{\left\{\frac{2\pi^2 i_D^2 - [1 - \cos(2\pi i_D)]}{2\pi i_D - \sin(2\pi i_D)}\right\}^2 + 1} = \frac{\omega^2 \lambda}{g\cos\alpha} \tag{3-9}$$

式中　λ —— 振幅，m。

由式(3-9)可知，物料每次跳动的时间与振动筛的振动周期存在一定的关系。当物料每次跳动的时间等于振动筛的一个振动周期时($D = 3.3$)，由式(3-9)可求出物料抛掷的第一临界振动次数为

$$n_{e1} = 54 \sqrt{\frac{g\cos\alpha}{\pi^2 \lambda}} \tag{3-10}$$

目前，大多振动筛的抛掷指数 D 均稍小于 3.3，运动周期就是跳动次数，即筛面每振动一次，物料就出现一次跳动，因此物料在筛面上总跳动次数的计算公式为

$$i = \frac{T}{T_0} = Tf = \frac{Lf}{v_m} \tag{3-11}$$

式中　T —— 颗粒在筛面上运动时间，s；

　　　T_0 —— 颗粒振动周期，s；

　　　f —— 筛面振动频率，Hz；

　　　v_m —— 颗粒运动的平均速度，m/s；

　　　L —— 筛面长度，mm。

以下将通过 DEM 模拟与试验，分析振幅、振动频率、筛面倾角、筛面长度等参数对物料颗粒在筛面上的跳动次数 i、物料颗粒沿筛面的平均运动速度 v_m 以及部分筛分效率 η 的影响，并对理论公式进行验证。

3.2.2　圆振动筛的筛分过程 DEM 模拟研究

影响筛分效率的因素除了物料性质(粒度、形状、水分等)以外，还有筛面结构参数(筛

面宽度、长度和筛孔尺寸、形状及开孔率)、筛机的运动学参数(振幅、振动频率、筛面倾角等)及工艺参数(如生产率及料层厚度等)。当被筛物料及筛机的结构确定之后,影响筛分效率的因素有振幅 λ、频率 f、筛面倾角 α 及生产率 Q,其中生产率 Q 可用物料沿筛面的平均运动速度 v 表示[190],因此对于圆振动筛的筛分效率可表示为

$$\eta = f\lambda f \alpha v \tag{3-12}$$

以下将对圆振动筛的筛分过程进行 DEM 模拟研究,分析振动频率 f、筛面倾角 α、振幅 λ、筛面长度 L 对筛分效果的影响。

1. 模型设置

对圆振动筛进行 DEM 模拟研究,采用基于 Oda 改进离散元法的软球干接触模型进行模拟研究,颗粒模型采用煤颗粒,模拟参数见表 2-2。模拟过程中,所采用的振动筛运动学参数及筛面长度见表 3-11,振动筛的几何工艺参数见表 3-12。

表 3-11 试验基本信息

因素	水平					
振动频率/Hz	12	14	16	18	20	22
筛面倾角/(°)	12	15	18	21	24	27
筛面振幅/mm	2.5	3.0	3.5	4.0	4.5	5.0
筛面长度/mm	600	660	720	780	840	

表 3-12 振动筛及颗粒模型参数

参数名称	参数取值						
筛机尺寸/mm	710×365×165						
筛孔尺寸 a/mm	10						
颗粒形状	球形						
颗粒直径 d/mm	2~14						
颗粒相对粒度(d/a)	0.2	0.4	0.6	0.8	1.0	1.2	1.4
进料速度/(个·s^{-1})	500	800	1 200	1 200	400	300	200

2. 颗粒跳动次数的影响因素

由式(3-9)可知,当抛掷指数 $D < 3.3$ 时,筛面颗粒单位时间内的跳动次数只与筛面振动频率有关,因此本节主要研究频率对筛面颗粒跳动次数的影响。在实际生产中,振动筛的频率一般选取 11~20 Hz[187]。因此,此处的振动频率取值见表 3-13,振幅、筛面倾角及筛面长度分别为 3 mm,15°和 720 mm。

表 3-13 不同频率对应的筛面颗粒跳动次数

振动频率/Hz	12	14	16	18	20	22
单位时间颗粒跳动次数	12	14	16	18	20	22

如图 3-20 所示为振动频率为 14 Hz 时筛面颗粒运动过程的 DEM 模拟(图 3-20(a))和颗粒形心高度随时间的变化曲线(图 3-20(b))。图 3-20(b)中的横坐标表示模拟时间,纵坐标表示颗粒形心距离筛面的高度值。可以看出,颗粒每次同筛面碰撞后反弹的高度基本相等,模拟结果同实际情况一致。其中,部分颗粒(如颗粒 1、颗粒 2)经过 1.2 s 左右即跳离筛面,其单位时间内的跳动次数为 9 次。原因是最先接触筛面的一批颗粒一直处于筛面上颗粒流的最前端,颗粒每次被筛面抛起后不与其他颗粒接触,且每次抛掷运动距

离较远,颗粒抛掷运动的周期较筛面运动周期长。另外,通过观察可知,随粒群一起运动的颗粒,筛面每运动一个周期,颗粒就会发生一次抛掷运动,颗粒在筛面上单位时间内的跳动次数与筛箱的振动频率一致。

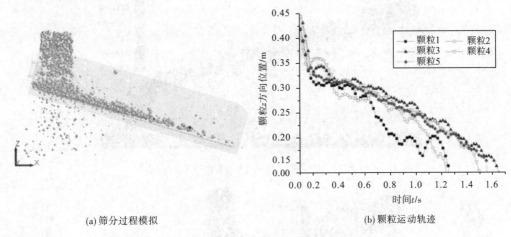

(a) 筛分过程模拟　　　　　　　　(b) 颗粒运动轨迹

图 3-20　颗粒跳动次数及规律

3. 振动频率与筛分效果的关系

圆振动筛的振动频率(振动次数)可根据所选定的抛掷指数 D、振幅 A 和筛面倾角 α 计算,即

$$n = 30\sqrt{\frac{gD\cos\alpha}{\pi^2 A}} \tag{3-13}$$

如图 3-21 所示为圆振动筛的筛分过程中物料透筛量分布情况,其模拟参数与图 3-20 一致。可以看出,筛上物的料层厚度从入料端至排料端呈现递减趋势。这是由于在入料端物料容易堆积,致使入料端料层较厚,随着物料沿筛面向前运动,细粒物料不断透筛,料层厚度逐渐减小。透筛量沿筛面长度方向呈先增加后降低的变化规律,在距入料端 200 mm 处达到最大值,之后呈递减状态,排料端处的透筛量最少。其原因是:在筛面的最前端料层大量堆积,阻碍颗粒透筛,粒群向前运动一定距离后,料层变薄,细粒物料大量透筛,透筛物料达到最大。随着粒群的运动,细粒物料大量透筛加上粒群速度达到稳定后,沿筛面的物料透筛量逐渐减小。由此可见,这种筛面物料的运动状态无法实现筛面的高效利用,应当提高入料端处颗粒运动的速度,减轻颗粒的堆积作用并实现有效透筛。在出料端处降低物料运动速度,促使筛面料层厚度保持均匀,实现物料的等厚筛分。

如图 3-22 所示为模拟时间 4.5 s 时的筛面颗粒质量以及沿 x 方向的颗粒速度分布情况。由图 3-22(a)可看出,筛面颗粒群的分层作用始终伴随整个筛分过程,细小颗粒不断透筛,成为筛下物。同时,粒径较大的阻碍粒位于物料层的上层,细粒物料则主要分布在物料层的下层。这是由于粗细颗粒的质量不同,粗粒从筛面获取的动能大,因此抛掷得远。细粒由于体积小,在松散分层过程中能够透过粗粒间的间隙向下运动至筛面。颗粒群的分层现象为颗粒的透筛创造了必要条件,分层速度越快,则颗粒透筛速度越快。由图 3-22(b)可以看出,在入料端处颗粒 x 方向的速度很小,这是由于在入料端处颗粒大量堆叠,下层颗粒受压,运动受限制。随着颗粒沿筛面不断运动,速度增大到一定值后逐渐稳定。

图 3-21 圆振动筛的筛分过程中物料透筛量分布

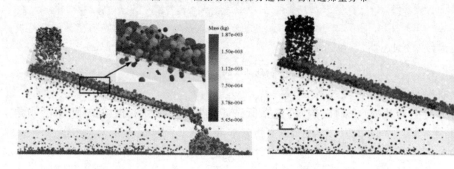

(a) 筛面颗粒质量分布　　　　　(b) 筛面颗粒 x 方向速度分布

图 3-22 圆振动筛的筛分过程中筛面颗粒质量分布与速度分布

当振幅、筛面倾角及筛面长度保持不变(分别为 3 mm,15°和 720 mm)而改变振动频率时,根据圆振动筛的筛分过程 DEM 模拟结果可获得稳定状态下的筛面颗粒运动速度均值,见表 3-14。

表 3-14　　　　　　　　　　不同频率对应的筛面颗粒运动速度

频率/Hz	12	14	16	18	20	22
速度/(m·s^{-1})	0.108	0.195	0.291	0.365	0.416	0.463

图 3-23 所示为相应的不同振动频率下的筛面颗粒运动速度变化情况。由图 3-23(a)可知,在圆振动筛的筛面上,物料沿筛面长度方向的运动速度随着振动频率的增大而增大。这是由于随着振动频率的增大,颗粒在单位时间内被抛起的次数增多,从而筛面颗粒更加快速地向排料端运动。在模拟时间为 2 s 左右时,筛分过程达到稳定状态,筛面颗粒的速度也稳定在某个固定值附近。从图 3-23(b)可以看出,筛面颗粒的运动速度与筛面振动频率为二次抛物线关系。利用 Origin 中的拟合工具对振动频率和筛面颗粒运动速度进行数据拟合,并采用一元二次函数 $y = ax^2 + bx + c$ 进行拟合,所得结果如图 3-23(b)所示。根据拟合结果可得各参数分别为:$a = -0.001$,$b = 0.094$,$c = -0.778$,相关系数 $R = 0.99788$。表明拟合效果良好,振动频率与筛面颗粒速度之间为二次函数关系。

另外,根据 DEM 模拟结果还可以获得不同振动频率下的各粒径颗粒的部分筛分效

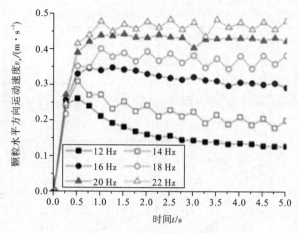

(a)不同频率下筛面颗粒运动速度

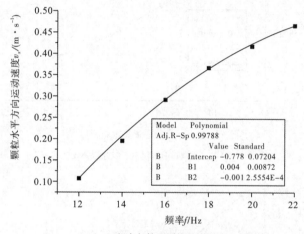

(b)频率与筛面颗粒平均运动速度的关系

图 3-23　振动频率对筛面颗粒运动速度的影响

率以及总筛分效率,所得结果列于表 3-15。如图 3-24 所示为依据表 3-15 所得的振动频率对筛分效率的影响规律。由图 3-24(a)可知,被筛物料中各粒级颗粒的透筛效果是不同的,并随着颗粒粒度的增大,部分筛分效率呈减小趋势。其中,易筛颗粒(粒径小于 $0.75a$,即 7.5 mm)的透筛程度高,筛分效果好。颗粒粒级接近筛孔尺寸的物料,透筛效果差,筛分效率低。易筛颗粒的筛分效率大于总体物料的筛分效率,而难筛颗粒(粒径范围为 $0.75a \sim 1.0a$,即 $7.5 \sim 10.0$ mm)的筛分效率小于总体物料的筛分效率。易筛颗粒的筛分效率较高,同时其变化幅度较小,而难筛颗粒的筛分效率变化较明显。需要注意的是,筛面颗粒运动的平均速度会随着振动频率的增大而增大,但筛分效率会逐渐降低。

表 3-15　　　　　　　　　不同频率对应部分筛分效率

频率/Hz	粒径比对应部分筛分效率/%				总筛分效率/%
	0.2	0.4	0.6	0.8	
12	98.45	97.83	94.23	81.21	86.64
14	95.40	89.11	82.95	65.29	72.23

（续表）

频率/Hz	粒径比对应部分筛分效率/%				总筛分效率/%
	0.2	0.4	0.6	0.8	
16	89.43	82.24	73.55	53.61	61.34
18	86.34	77.07	64.76	39.07	48.97
20	80.91	71.79	57.50	30.00	40.63
22	79.21	66.45	50.07	22.43	33.21

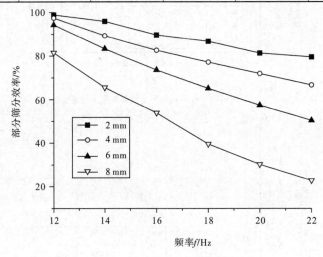

(a) 不同频率下部分筛分效率

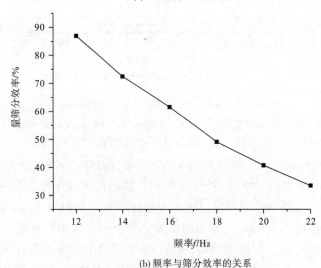

(b) 频率与筛分效率的关系

图 3-24 振动频率对筛分效率的影响

如图 3-25 所示为不同相对粒度颗粒物料的部分筛分效率变化规律。可以看出,部分筛分效率随着颗粒相对粒度的增加而递减。对于颗粒粒度小于 $0.75a$ 的易筛颗粒,其部分筛分效率下降缓慢,颗粒的透筛效率较高。而对于相对粒度大于 $0.75a$ 的难筛颗粒,其部分筛分效率快速降低。

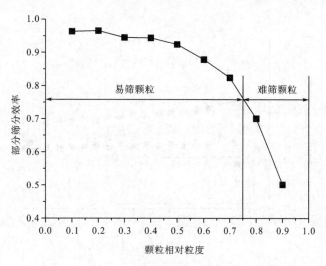

图 3-25　不同相对粒度颗粒的部分筛分效率变化规律

4. 筛面倾角与筛分效果的关系

筛面倾角的大小对筛面颗粒运动速度以及筛分效率具有重要的影响。对于圆周振动筛,由于筛面抛射角较大,筛面物料的透筛效果较好,但物料抛射一次沿筛面移动的距离较短,进而影响生产率。因此,圆振动筛的筛面倾角一般较大。通常情况下,圆振动筛的筛面倾角在 15～25°选取,且振幅大时取小值,振幅小时取大值[1]。为研究筛面倾角对筛分效果的影响,此处设计了 6 组 DEM 模拟试验。其中,振幅、振动频率和筛面长度分别为 3 mm,14 Hz 和 720 mm,筛面倾角分别设置为 12°,15°,18°,21°,24°,27°。

根据不同筛面倾角的圆振动筛分过程 DEM 模拟结果,可获得如表 3-16 所列的筛面颗粒运动速度和如图 3-26 所示的筛面倾角对筛面颗粒运动速度的影响规律。可以看出,当振幅、振动频率和筛面长度一定时,稳定筛分状态下的筛面颗粒运动速度随着筛面倾角的增大,筛分过程达到稳定状态所需的时间也越来越短。由于筛面倾角增加时,颗粒受到的筛面抛掷作用增强,同时受到沿筛面方向的重力分力越大,从而导致筛面颗粒沿筛面方向的运动速度越快。此外,当筛面倾角由 12°增大至 15°时,筛面颗粒运动速度的增幅也较小,仅为 0.045 m/s。当筛面倾角进一步增大时,颗粒运动速度的增幅变大。当筛面倾角由 21°增大至 24°时,颗粒速度的增幅达到了 0.123 m/s。

表 3-16　　　　　　　　不同筛面倾角对应的筛面颗粒运动速度

筛面倾角/(°)	12	15	18	21	24	27
速度/(m · s^{-1})	0.157	0.202	0.281	0.388	0.515	0.606

由不同筛面倾角下圆振动筛的筛分过程 DEM 模拟结果,可获得表 3-17 所示的不同筛面倾角下的各粒径颗粒的部分筛分效率及总筛分效率结果。如图 3-27 所示为筛面倾角对筛分效率的影响。可以看出,随着筛面倾角的增大,筛分效率逐渐减小。其原因是随着筛面倾角的增大,筛孔的有效筛分尺寸减小,同时物料沿筛面的运动速度增加,物料在筛面上停留时间缩短,导致筛分时间减短,减少了颗粒的透筛机会,筛面颗粒无法充分地分层和透筛,从而导致筛分效率下降。因此,实际筛分过程中,要根据筛分效率和处理量的要求,选择合理的筛面倾角。此外,当筛面倾斜放置时,颗粒通过的筛孔面积实际上是

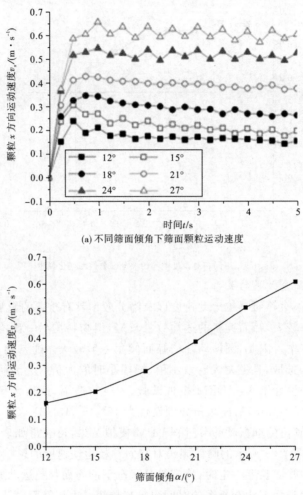

(a) 不同筛面倾角下筛面颗粒运动速度

(b) 筛面倾角与筛面颗粒平均运动速度的关系

图 3-26 筛面倾角对筛面颗粒运动速度的影响

筛孔面积在水平面上的投影值。因此,对于难筛分物料,可以适当增大筛面倾角,同时增大筛孔,使物料按细粒级筛分。

表 3-17　　　　　　　　　　不同筛面倾角对应部分筛分效率

筛面倾角/(°)	粒径比对应部分筛分效率/%				总筛分效率/%
	0.2	0.4	0.6	0.8	
12	96.82	93.25	85.85	68.71	75.90
15	95.39	89.11	82.95	65.29	72.23
18	90.16	84.37	78.13	53.10	62.47
21	83.50	74.06	62.49	32.87	44.06
24	75.56	65.16	47.82	21.62	31.78
27	68.39	55.92	36.91	12.46	22.11

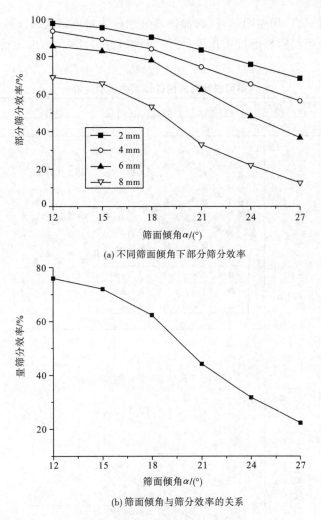

(a) 不同筛面倾角下部分筛分效率

(b) 筛面倾角与筛分效率的关系

图 3-27 筛面倾角对筛分效率的影响

5. 振幅与筛分效果的关系

振幅是筛分机的重要参数,惯性振动筛的振幅值必须足够大,以便将接近筛孔尺寸的颗粒抛离筛面,减少堵孔。但振幅又不能过大,过大的振幅将限制振动频率,甚至会提高振动强度,降低构件使用寿命。振幅的选择一般根据被筛物料的粒度大小而定,对于粗筛宜采用大振幅,对于细筛宜采用小振幅。圆运动振动筛用作预选筛分时,振幅选取范围一般为 2.5~3.5 mm;用作最终筛分时,振幅选取范围一般为 3.0~4.0 mm。为研究振幅与筛分效果之间的关系,设计了 6 组 DEM 模拟试验。其中,振动频率、筛面倾角和筛面长度分别为 14 Hz,15° 和 720 mm,振幅的取值分别设置为 2.5 mm,3.0 mm,3.5 mm,4.0 mm,4.5 mm,5.0 mm。

由不同振幅下圆振动筛的筛分过程 DEM 模拟结果,可获得如表 3-18 所列的筛面颗粒运动速度结果,以及如图 3-28 所示的振幅对筛面颗粒运动速度的影响。可以看出,随着振幅的增大,筛分过程达到稳定状态所需的时间越短(图 3-28(a))。一方面,当振幅很小时,筛面对颗粒的冲击作用较小,而随着振幅的增大,筛面对物料的作用力变大,使得筛面对颗粒物料的抛掷作用越明显,从而加快筛分过程达到稳定状态。另一方面,随着振幅的增大,可以有效削弱物料的堆积作用,使筛面物料分散的同时,也加快物料沿筛面向排料端的推送。

表 3-18 不同振幅对应的筛面颗粒运动速度

振幅/mm	2.5	3.0	3.5	4.0	4.5	5.0
速度/(m·s^{-1})	0.136	0.199	0.270	0.352	0.416	0.463

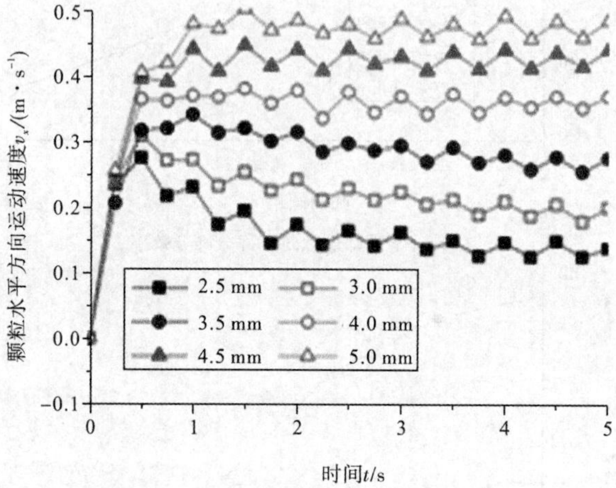

(a) 不同振幅下筛面颗粒运动速度

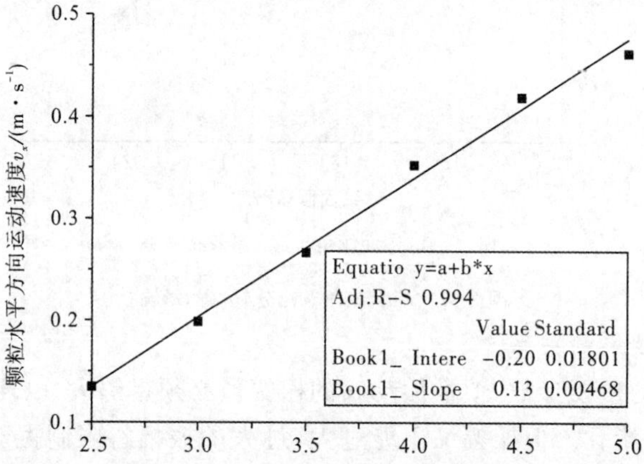

(b) 振幅与筛面颗粒平均运动速度的关系

图 3-28 振幅对筛面颗粒运动速度的影响

由图 3-28(b)可以看出,筛面颗粒的平均运动速度与振幅近似呈线性关系,即筛面颗粒的运动速度随着振幅的增大而近似线性增大。利用 Origin 中的拟合工具对振幅和筛面颗粒运动速度结果进行数据拟合,并采用一次函数 $y=a+bx$ 进行数据拟合。所得拟合参数为 $a=-0.20$,$b=0.13$,相关系数 $R=0.994$。表明拟合效果良好,振幅与筛面颗粒运动速度呈现一次方关系。

由不同振幅下圆振动筛的筛分过程 DEM 模拟结果,还可获得如表 3-19 所列的不同振幅下各粒径物料的部分筛分和总筛分效率,振幅对筛分效率的影响情况如图 3-29 所

示。可以看出,随着振幅的增大,筛分效率呈减小趋势。当振幅从 2.5 mm 逐渐增大到
4.0 mm 时,筛分效率从 82.17% 快速递减至 48.37%。当振幅进一步从 4.0 mm 增大到
5.0 mm 时,筛分效率从 48.7% 递减至 33.83%。

表 3-19　　　　　　　　　　不同振幅对应部分筛分效率表

振幅/mm	粒径比对应部分筛分效率/%				总筛分效率/%
	0.2	0.4	0.6	0.8	
2.5	98.33	96.49	91.96	75.42	82.17
3.0	95.40	89.11	82.95	65.29	72.23
3.5	89.37	81.79	76.20	55.09	63.06
4.0	84.35	74.94	63.58	38.89	48.37
4.5	77.88	68.41	55.89	29.87	39.83
5.0	74.09	62.70	49.49	24.10	33.83

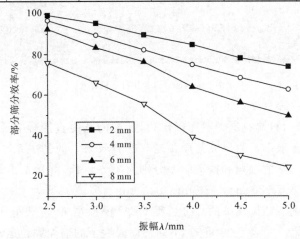

(a) 不同振幅下部分筛分效率

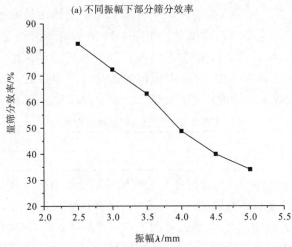

(b) 振幅与筛分效率的关系

图 3-29　振幅对筛分效率的影响

在实际筛分过程中,振幅值并非越小越好。如图 3-30 所示为振幅为 2 mm、筛面倾角

为 12°、振动频率为 14 Hz 时的筛分过程 DEM 模拟结果。可以看出,振幅值过小,筛面振动强度过小,导致筛面颗粒无法有效地被抛掷和分离,从而出现严重的物料堆积现象,尤其是在入料端处,颗粒堆积严重,筛面物料的运动速度缓慢,严重影响了筛分过程的正常进行。

图 3-30　筛分过程物料堆积现象

6. 筛面长度与筛分效果的关系

一般情况下,当给料端料层的厚度确定后,筛面的宽度直接影响透筛机的产量,而筛面长度直接影响筛分效率。为研究筛面长度与筛分效果之间的关系,此处设计了 5 组模拟试验。其中,振幅、筛面倾角和振动频率分别为 3 mm,15° 和 14 Hz,筛面长度 L 分别设置为 600 mm,660 mm,720 mm,780 mm,840 mm。

由不同筛面长度下圆振动筛的筛分过程 DEM 模拟结果,可获得如表 3-20 所列的筛面颗粒运动速度结果。由表 3-20 可知,不同筛面长度下的筛面颗粒运动速度的平均值为 0.203 m/s,方差为 5.72×10^{-5},表明筛面颗粒运动速度随筛面长度的变化波动不大,筛面长度对筛面颗粒运动速度的影响较弱。如图 3-31 所示为筛面长度对筛面颗粒运动速度的影响。可以看出,随着筛面长度的增大,筛面颗粒平均运动速度仅出现较小的变化。这是由于在相同的振动参数作用下,筛面颗粒的运动状态相接近,筛面料层的厚度也类似,因此,筛面颗粒的速度沿筛面长度方向未发生明显的波动。

表 3-20　　　　　　不同筛面长度对应的筛面颗粒运动速度

筛面长度/mm	600	660	720	780	840
速度/(m·s^{-1})	0.201	0.194	0.202	0.201	0.217

表 3-21 中列出了不同筛面长度时各粒径颗粒的部分筛分效率及总筛分效率结果,图 3-32 为筛面长度对筛分效率的影响。可以看出,随着筛面长度的增大,筛分效率整体增大。其原因是,筛面长度增大时,物料在筛面上的停留时间加长,跳动的次数增多,透筛机会增加,因而筛分效率得到了提高。随着筛分时间的延长,开始时筛分效率增大很快,随后筛分效率增大不明显,然而,当筛面长度由 780 mm 增大至 840 mm 时,筛分效率反而从 78.62% 小幅降至 77.09%。表明筛面长度增大至一定值时,进一步增大筛长并不能持续提高筛分效率。

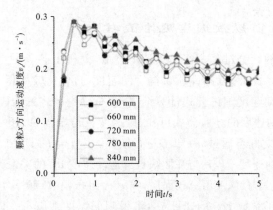

图 3-31　筛面长度对筛面颗粒运动速度的影响

表 3-21　　　　　　　　　　**不同筛面长度对应筛分效率**

筛面长度/mm	粒径比对应部分筛分效率/%				总筛分效率/%
	0.2	0.4	0.6	0.8	
600	90.17	83.34	74.49	56.53	63.63
660	94.33	88.13	82.22	64.92	71.67
720	95.40	89.11	82.95	65.29	72.23
780	96.41	93.25	87.73	72.57	78.62
840	95.61	91.80	86.64	70.75	77.09

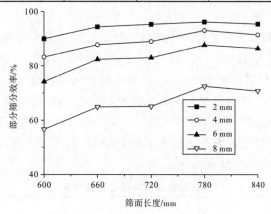

(a) 不同筛面长度下部分效率

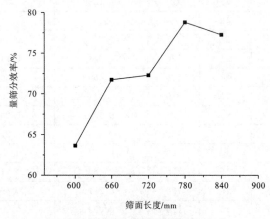

(B) 筛面长度与筛分效率的关系

图 3-32　筛面长度对筛分效率的影响

3.2.3 DEM 模拟数据与理论值对比

上节对圆振动筛的筛分过程进行了 DEM 模拟,分析了各参数对筛面颗粒群运动速度和筛分效率的影响。此处,以筛面颗粒群运动速度为例,比较所得模拟结果与 3.2.1 节所述的筛面颗粒群运动速度理论公式计算结果,分析理论公式的准确性。

由筛面颗粒群运动速度的经验公式可知,该速度只与振幅 A、频率 f 和筛面倾角 α 有关。其中,频率与转速之间可通过 $n=60f$ 进行换算。由上述的 DEM 模拟结果可得到筛面颗粒群沿 x 方向的运动速度 v_x,其与筛面颗粒群运动速度 v_m 的关系为 $v_x=v_m\cos\alpha$。

为了便于计算,编写了 MATLAB 程序,输入一组振幅 A、频率 f 和筛面倾角 α 值,即可得到一组不考虑修正系数 K_Q 的速度 v',将得到的速度乘以 K_Q 即得筛面颗粒群运动速度理论值 v_m(m/s)。MATLAB 计算程序如下:

```
clear all;
clc;
x＝input('请输入 A:');
y＝input('请输入 f:');
z＝input('请输入 α:');
fxyz＝0.066*(y^2)*x*(1＋22*(tan(z*pi/180))^1.5*(z/18))
```

所得的筛面颗粒群运动速度 DEM 模拟及理论计算结果列于表 3-22 中,模拟结果与理论结果的比较情况如图 3-33 所示。23 组修正系数 K_Q 的平均值为 1.575,方差为 0.054。此处取 $K_Q=1.575$,带入理论公式,得出理论运动速度 v_m,并与 DEM 模拟速度对比,理论与模拟结果之间的相对误差情况如图 3-34 所示。可以看出,DEM 模拟结果与理论速度之间的相对误差有 17 组小于 10%,第 10~13 组的相对误差较大,均高于 25%。整体上看,理论计算所得的筛面颗粒群速度与 DEM 模拟结果有较好的一致性,理论公式能够获得较准确的筛面颗粒群运动速度。

表 3-22 筛分过程模拟与理论计算速度

序号	A/mm	f/Hz	α/(°)	L/mm	$v'\cos\alpha$/(m·s^{-1})	v_x/(m·s^{-1})	修正系数 K_Q
1	3.0	14	12	720	0.092	0.156	1.70
2	3.0	14	15	720	0.133	0.202	1.52
3	3.0	14	18	720	0.187	0.281	1.50
4	3.0	14	21	720	0.257	0.388	1.51
5	3.0	14	24	720	0.344	0.516	1.50
6	3.0	14	27	720	0.450	0.608	1.35
7	2.5	14	15	720	0.111	0.137	1.23
8	3.0	14	15	720	0.133	0.200	1.50
9	3.5	14	15	720	0.155	0.270	1.74
10	4.0	14	15	720	0.177	0.352	1.99
11	4.5	14	15	720	0.199	0.416	2.09
12	5.0	14	15	720	0.221	0.462	2.09
13	3.0	12	15	720	0.098	0.109	1.11

（续表）

序号	A/mm	f/Hz	α/(°)	L/mm	$v'\cos\alpha$/(m·s⁻¹)	v_x/(m·s⁻¹)	修正系数 K_Q
14	3.0	14	15	720	0.133	0.196	1.47
15	3.0	16	15	720	0.173	0.291	1.68
16	3.0	18	15	720	0.219	0.364	1.66
17	3.0	20	15	720	0.271	0.417	1.54
18	3.0	22	15	720	0.327	0.461	1.41
19	3.0	14	15	600	0.133	0.201	1.51
20	3.0	14	15	660	0.133	0.194	1.46
21	3.0	14	15	720	0.133	0.202	1.52
22	3.0	14	15	780	0.133	0.201	1.51
23	3.0	14	15	840	0.133	0.218	1.64

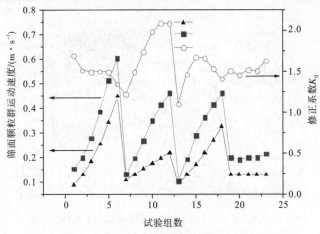

图 3-33　理论计算与 DEM 模拟速度对比

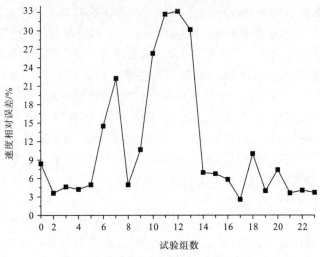

图 3-34　DEM 模拟与理论速度的相对误差

3.2.4 非球形颗粒筛分过程的 DEM 模拟研究

由于采用非球形颗粒模型的模拟研究计算量往往过大,因此目前对采用复杂形状颗粒模型的筛分过程 DEM 模拟研究较少。本节为了进一步研究颗粒形状对筛分效果的影响,将采用非球形颗粒模型对筛分过程进行 DEM 模拟研究。模拟过程中,圆振动筛的振动参数仍采用表 3-6 所列的组合。

如图 3-35 所示为振幅、振动频率和筛面倾角分别为 3 mm,16 Hz 和 18°条件下某一时刻的筛分过程 DEM 模拟结果。可以看出,筛下物中包括少量大于筛孔尺寸的胶囊形阻碍颗粒,原因是与球形颗粒相比,胶囊形颗粒具有较小的筛分直径,并且仅在主轴上具有较大的尺寸,较容易实现透筛。对于块状颗粒,其筛分直径即边长尺寸,筛分尺寸较球形颗粒小,同时比胶囊形颗粒的筛分直径大,因此筛下物中不会出现粒径尺寸大于筛孔尺寸的块状颗粒。

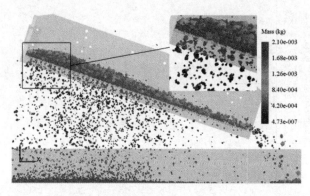

图 3-35 等体积直径非球形颗粒的圆振动筛分过程 DEM 模拟

1.非球形颗粒运动速度比较

在非球形颗粒物料的筛分过程中,颗粒形状对筛面颗粒群运动速度具有显著的影响。如图 3-36 所示为筛面非球形颗粒群运动速度对比。可以看出,整体上三种非球形颗粒的筛面颗粒群运动速度变化规律相类似,均在初始阶段具有较大的筛面颗粒群运动速度,并在 1.00 s 左右达到最大,之后筛面颗粒群速度逐渐下降。在 1.75 s 之后,筛面颗粒群运动速度达到了基本稳定的状态。原因是在筛分初始阶段,颗粒从料斗中下落并接触筛面,筛面上颗粒较少,前端颗粒没有受到颗粒群的阻碍作用,因此速度较大。但当颗粒铺满筛面后,筛面颗粒群则趋于稳定的运动状态。此外,当筛分达到稳定状态时,块状颗粒的速度总体上比胶囊形和多边形颗粒的速度稍大。这是因为块状颗粒近似为球形,其滚动作用较强,能够通过调整颗粒的方位来实现颗粒的运动。

2.非球形颗粒量筛分效率比较

如图 3-37 所示为筛分过程中三种类型非球形颗粒的部分筛分效率随颗粒粒度(粒径比)的变化规律。可以看出,当粒径比小于 0.5 时,多边形颗粒具有较好的筛分效果,块状颗粒的筛分效果稍差,这是由于多边形颗粒和胶囊形颗粒在某个角度的粒径较小,其颗粒填充效果较好,有利于其分层后进入料层的底部与筛面接触后透筛,而块状颗粒在各个角度的粒径大致相等,不利于分层和透筛。当粒径比大于 0.6 时,胶囊形颗粒的筛分效果相

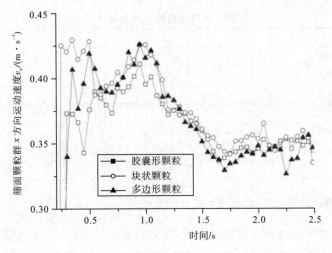

图 3-36　筛面非球形颗粒群运动速度对比

对最好,其次是块状颗粒,多边形颗粒的透筛效果相对最差。其原因是随着颗粒粒径的变大,多边形颗粒在某些方位上的粒径大于筛孔,只有在特定角度下才能实现透筛,而胶囊形颗粒下落角度对透筛效果的影响不明显,其可以通过一定的角度偏转成为筛下物,故胶囊形颗粒的透筛效果较好。

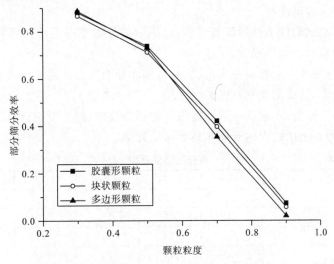

图 3-37　不同形状颗粒的部分筛分效率变化规律

表 3-23 中列出了非球形颗粒的量筛分效率结果。可以看出,非球形颗粒的筛分效率由高到低依次为胶囊形颗粒、块状颗粒和多边形颗粒。其原因是胶囊形颗粒的筛分直径只有在主轴一个方向上较大,筛面颗粒能够通过调整位置而发生透筛,其筛分效率相对其他两种颗粒较高。而多边形颗粒的堆积作用最强,颗粒有较强的自锁作用,阻碍颗粒的旋转和滚动,同时,颗粒的透筛直径在多个方向上均较大,因此只有在特定的方位接触筛网时才可能发生透筛,故其筛分效率最低。

表 3-23 非球形颗粒量筛分效率统计 %

试验组数	1	2	3	4	5	6	7	8
胶囊形颗粒	93.5	69.5	48.5	50.9	62.7	63.2	32.5	30.2
块状颗粒	91.6	67.8	47.3	48.5	60.5	61.8	31.1	30.8
多边形颗粒	91.1	67.3	46.7	47.8	60.4	59.5	30.0	30.5
试验组数	9	10	11	12	13	14	15	16
胶囊形颗粒	56.2	42.1	69.3	49.5	52.4	60.3	67.2	67.5
块状颗粒	54.2	42.5	66.9	47.9	53.2	57.4	66.9	65.2
多边形颗粒	53.7	42.3	66.3	47.2	52.2	57.8	66.0	64.7

3.2.5 振动筛分过程的试验研究

筛分试验是进行筛分理论研究的基础,随着筛分试验测量系统的完善,将高速动态分析系统以及振动测试系统应用于筛分试验中,对研究筛分过程中颗粒群的微观运动提供了技术支持。

本节在自制圆振动试验筛上进行筛分试验,主要通过高速动态分析系统分析振幅、振动频率以及筛面倾角等对部分筛分效率、筛面颗粒群运动速度及筛面颗粒跳动次数的影响机理,为深入理解筛分过程和进一步完善筛分理论提供理论指导。

1. 正交试验表数据分析

通过在圆振动试验筛上进行筛分试验,获得的筛分效率以及筛面颗粒群运动速度结果见表 3-24。可以得出以下结论:

(1)频率对筛分效率的影响最大,其次是振幅和筛面倾角。筛面倾角对筛面颗粒群运动速度的影响最大,其次是频率和振幅。

(2)大振幅、小倾角、小频率可以取得较好的筛分效率,但是要想获得较大的筛面颗粒群运动速度,则需要选用较大的筛面倾角和振动频率。

表 3-24 筛分正交试验表

序号	A/mm	α/(°)	f/Hz	H/%	v/(m·s^{-1})
1	2.0	12	12	87.1	0.739
2	2.0	15	14	62.5	1.702
3	2.0	18	16	42.2	1.900
4	2.0	21	18	45.2	5.470
5	1.75	12	14	58.1	1.026
6	1.75	15	12	58.1	1.182
7	1.75	18	18	28.5	4.700
8	1.75	21	16	28.8	4.180
9	1.5	12	16	51.5	1.140
10	1.5	15	18	38.4	1.275
11	1.5	18	12	63.3	1.028
12	1.5	21	14	43.4	3.388

（续表）

序号		A/mm	$\alpha/(°)$	f/Hz	$H/\%$	$v/(\mathrm{m \cdot s^{-1}})$
13		1.25	12	18	47.4	1.279
14		1.25	15	16	53.9	2.646
15		1.25	18	14	62.2	1.307
16		1.25	21	12	61.5	1.046
量筛分效率	极差 R	0.158 75	0.163	0.276 25		
	优水平	$f>A>\alpha$				
	优组合	$A=2\mathrm{\ mm};\alpha=12°;f=12\mathrm{\ Hz}$				
筛面颗粒群运动速度	极差 R	1.202 5	2.475	2.182 25		
	优水平	$\alpha>f>A$				
	优组合	$A=1.75\mathrm{\ mm};\alpha=21°;f=18\mathrm{\ Hz}$				

2. 颗粒跳动次数统计

统计筛面颗粒的跳动次数时，从颗粒物料铺满筛面时开始统计。从筛分试验结果可以看出，筛上物的抛掷和落回过程基本与筛面的振动保持一致，其间只有少量颗粒被抛起的高度值较大而滞后于整体颗粒群的运动。在筛分过程进行至 3 s 左右，颗粒物料即铺满筛面。此时，统计 3～5 s 这一时间段内筛面颗粒的总跳动次数，所得结果列于表 3-25 中。

由表 3-25 中的试验数据可知，筛面每振动一次，筛面颗粒也完成一次抛掷和回落过程，即筛面的振动频率与筛面颗粒的跳动次数一致。该结果与 3.2.1 节给出的结论相一致，即当抛掷指数 $D<3.3$ 时，筛面的运动周期就是筛面颗粒的跳动次数，即筛面每振动一次，物料就出现一次跳动。

表 3-25　　　　　　　　　　筛面颗粒跳动次数统计

试验组数	1	2	3	4	5	6	7	8
3～5 s 粒层总跳动次数	60	70	80	90	70	60	90	80
试验组数	9	10	11	12	13	14	15	16
3～5 s 粒层总跳动次数	80	90	60	70	90	80	70	60

3. 筛面颗粒群运动速度比较

采用正交试验方法，分析振幅、频率以及筛面倾角三个参数对筛面颗粒群运动速度的影响。利用高速动态分析系统拍摄彩色追踪颗粒的筛分运动，得到筛面颗粒群运动速度。基于筛面颗粒群运动速度模型，输入所得的试验数据，求得模型参数为 1.86。之后，利用该模型参数对各组的理论颗粒群运动速度进行预测，所得理论结果及试验结果见表 3-26。

表 3-26　　　　　　　　颗粒群沿筛面运动速度对比　　　　　　　　　m/s

试验组数	1	2	3	4	5	6	7	8
试验颗粒群运动速度	0.073 9	0.170 2	0.190 0	0.547 0	0.102 6	0.118 2	0.470 0	0.418 0
理论颗粒群运动速度	0.086 1	0.170 5	0.318 9	0.565 1	0.102 6	0.109 6	0.353 2	0.390 7
试验组数	9	10	11	12	13	14	15	16
试验颗粒群运动速度	0.114 0	0.127 5	0.102 8	0.338 8	0.127 9	0.264 6	0.130 7	0.104 6
理论颗粒群运动速度	0.115 0	0.211 4	0.134 6	0.256 4	0.121 2	0.139 2	0.152 6	0.156 9

如图 3-38 所示为筛面颗粒群运动速度的试验与理论结果之间的相对误差。可以看出,有 9 组试验结果与理论速度差值之间相对误差较小,均在 15％以内。而第 3,7,10,12,16 组的相对误差较大,误差值在 20％～40％,最大的相对误差为第 14 组的 90％。造成较大相对误差可能的原因:一方面,试验中利用 5 个颗粒的速度平均值作为筛面颗粒群运动速度,速度值会随着 5 个颗粒的运动状态发生较大的变化;另一方面,圆振动筛分机存在制造和运动误差偏差,不能实现理想的圆振动运动轨迹。

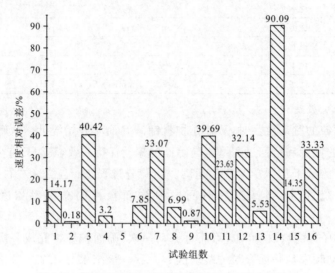

图 3-38　筛面颗粒群运动速度的试验与理论结果相对误差

3.2.6　小　结

本节总结了筛面颗粒跳动次数、筛面颗粒群运动速度以及部分筛分效率等理论计算公式,基于三维离散元法对圆振动筛的筛分过程进行了数值模拟研究,讨论了振动频率、振幅、筛面倾角以及筛面长度等因素对筛分效果的影响规律,并在圆振动筛分机上进行了有关筛分试验,得出以下结论:

(1)当抛掷指数 $D<3.3$ 时,筛面的运动周期与筛面颗粒跳动次数一致,即筛面每振动一次,物料就出现一次跳动。

(2)振动频率与筛面颗粒群运动速度为二次函数关系,振幅与速度为正比例关系,筛面长度的变化对速度几乎没有影响。

(3)颗粒形状对筛分过程有较为显著的影响,其中,块状颗粒具有较大的运动速度,胶囊颗粒形次之,多边形颗粒的堆积效应及自锁效应较强,限制了颗粒的滚动作用,严重减缓了物料的输送,速度最小。

(4)采用正交试验设计方法,在圆振动试验筛上进行了筛分试验,试验验证了当抛掷指数 $D<3.3$ 时,筛面颗粒的跳动次数与筛箱的运动周期是相同的结论。

3.3　圆振动筛的参数优化

机械优化设计是把优化技术应用到机械设计中去,通过对机械零件、机构、部件乃至整个机械系统和机器的优化设计,确定出它们的最佳参数和结构尺寸,提高各种机械产品及技术装备的设计水平[191]。对于圆振动筛,筛面倾角、振动频率、振幅和筛面长度等参数对筛分效果均具有重要的影响。为了获得最佳筛分效果,需要找出各筛分参数的最佳配合。

3.3.1　机械结构参数的优化设计

优化设计是建立在最优化数学理论和现代计算机技术的基础上发展起来的,其目的是运用计算机寻求最优设计方案。

1. 优化设计的内容和流程

优化设计的一般流程如图 3-39 所示。首先依据机械设计问题建立数学模型,然后选择合适的优化方法和设计变量,并通过计算机分析计算,最终获得最优的设计方案。主要包括两方面的内容:

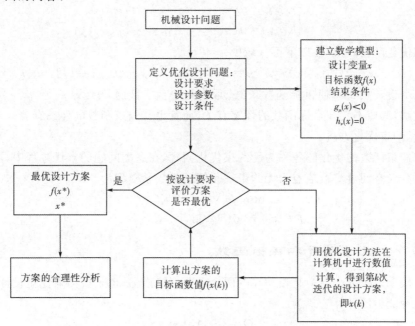

图 3-39　优化设计的一般流程

(1)建立数学模型

将设计问题的实际模型转变为数学模型,建立数学模型是要合理选取设计变量,列出目标函数,给出约束条件。目标函数是设计问题所要求的优化目标与设计变量之间的函数关系式。

（2）选择合适的优化计算方法，求解数学模型

这部分内容可归结为在给定条件（如约束条件）下求解目标函数的极值问题。对于不同层次的优化问题需要选用不同的数值方法，选择不当会导致优化的失败。

2. 优化设计的数学模型

将实际的工程问题转换为抽象的优化设计数学模型是一个系统化的思考过程，可以系统地分析、了解影响产品设计过程中的因素。优化设计的数学模型由三个基本要素组成：设计变量、目标函数、约束条件。其一般形式为

求设计变量：$x=[x_1,x_2,\cdots,x_n]^T$

使目标函数：$f(x) \rightarrow \min f(x)$

同时满足约束条件：$\quad g_\mu(x) \leqslant 0 \quad (\mu=1,2,\cdots,m)$

$\quad\quad\quad\quad\quad\quad\quad h_\nu(x)=0 \quad (\nu=1,2,\cdots,p)$

3. 优化设计方法

优化设计方法可以分为约束优化方法和无约束优化方法。

（1）约束优化方法

机械优化设计中的问题都是约束优化问题，其数学表达式为

$$\begin{cases} \min f(x); & x \in E^n \\ \text{s. t. } g_n(x) \leqslant 0; & n=1,2,\cdots,p \\ h_j(x)=0; & j=1,2,\cdots,q \end{cases} \tag{3-14}$$

约束优化问题，就是在以下可行域中

$$D=\{x \in E^n \mid g_n(x) \leqslant 0 \quad n=1,2,\cdots,p ; h_j(x)=0 \quad j=1,2,\cdots,q \}$$

求一个设计点 x^*，使目标函数 $f(x)$ 取得最小值。此时，x^* 及 $f^*=f(x^*)$ 称为问题的最优解，其值不仅与目标函数的性态有关，而且也与约束函数的性态有关。

（2）无约束优化方法

没有约束函数的优化问题称为无约束优化问题，在这类问题的求优过程中，可以毫无限制地在变量空间寻求极值点。无约束优化问题的数学模型为

$$\min f(x) \quad x \in E^n \tag{3-15}$$

式中，$x=[x_1,x_2,\cdots,x_n]^T$，E^n 为 n 维欧式空间。

3.3.2 设计变量和目标函数

筛分效率以及处理能力是振动筛的两个重要性能指标，也是振动筛优化设计的目标。振动筛处理能力的计算公式为

$$Q=3\ 600Bhv\gamma \tag{3-16}$$

式中　B——筛面宽度，m；

$\quad\quad h$——筛面物料层厚度，m；

$\quad\quad v$——筛面物料运动的平均速度，m/s；

$\quad\quad \gamma$——物料的松散密度，t/m^3。

由于筛面颗粒运动速度直接影响筛分处理能力，因此，可将筛面颗粒运动平均速度作为衡量筛机处理能力的指标。振动筛的优化设计问题就是在一定的筛分条件下，以筛机

处理量(筛面颗粒群运动速度 v)和筛分效率 η 为优化目标,进而确定筛机的结构参数组合,最终获得大的处理量和高的筛分效率。

1. 设计变量的给定

一个优化设计方案是用一组设计参数的最优组合来表示的。这些设计参数可大体划分为两类:一类是可以根据客观规律、具体条件及已有数据等预先给定的参数,称为设计常量,如材料的机械性能、机械的工作情况系数等;另一类是优化过程中经过逐步调整,最后达到最优值的独立参数,称为设计变量。而振动筛的优化设计的目的是使各个设计变量达到最优的组合。

振动筛结构参数的确定是根据筛机的处理能力 Q 和筛分效率 η 进行的,即

$$\begin{cases} v = v(A, f, \alpha, L) \\ \eta = \eta(A, f, \alpha, L) \end{cases} \tag{3-17}$$

式中,振幅 A、频率 f、筛面倾角 α 以及筛面长度 L 是要优化的设计变量。

2. 目标函数的给定

在振动筛的优化设计中,需要综合考虑处理能力和筛分效率这两个因素,即需要筛机在满足处理能力的前提下,使得筛分效率越大越好。相应的数学模型可表示为

$$(\max\{\eta\}\,|_{[v]})|_{(A, f, \alpha, L)} \tag{3-18}$$

韦鲁滨等[188]给出薄层筛分的情况下,物料颗粒在筛面上的 i 次跳动仍不透筛的概率为

$$E = \mathrm{e}^{-i(P_0 + \frac{P_0^2}{2})R} \tag{3-19}$$

式中,筛分效率与颗粒不透筛的概率之间的关系为

$$\eta = 1 - E \tag{3-20}$$

由式(3-20)可知,要使筛分效率达到最大,需要不透筛概率 E 最小。由此可见,优化目标为

$$\max\{\eta\} \Longleftrightarrow \min\left\{-i\left(P_0 + \frac{P_0^2}{2}\right)\right\} \tag{3-21}$$

$$P_0 = \frac{\{k(1-x)[\cos\alpha - 1 + k(1-x)]\}}{\cos\alpha}$$

式中　k——筛分常数,$k = \dfrac{[1 + 0.25(b/a)]}{[1 + (b/a)]}$;

x——相对粒度,$x = d/a$。

令相关参数 $k = 0.75$,$x = 0.5$,即 $P_0 = 0.375(\cos\alpha - 0.625)/\cos\alpha$。

式(3-11)给出当抛掷指数 D 稍小于 3.3 时,物料在筛面上的总跳动次数为

$$i = \frac{T}{T_0} = Tf = \frac{Lf}{v_\mathrm{m}}$$

对于圆振动筛,筛面颗粒运动速度计算公式为

$$v_\mathrm{m} = \frac{K_Q N}{1\,000} \cdot \frac{n^2 A}{g}\left[1 + 22\sqrt{\tan^2\alpha} \cdot \left(\frac{\alpha}{18}\right)\right]$$

显然,影响 i 的变量有 f, α, A, L。在振动筛设计过程中,筛面长度作为定量,可将频率、筛面倾角及振幅等振动参数作为设计变量,因此设计变量为

$$x = [x_1, x_2, x_3]^T = [f, \alpha, A]^T$$

用设计变量表示的目标函数可以写成

$$f(x) = \frac{-5.01L(\cos x_2 - 0.625)(2.375\cos x_2 - 0.234)}{gK_Q N x_1 x_3 (1 + 22\sqrt{\tan^3 x_2} \cdot x_2/18)\cos^2 x_2} \quad (3\text{-}22)$$

3. 约束条件

约束条件又称约束函数或设计约束,是设计变量间或设计变量本身应该遵循的限制条件的数学表达式。约束条件按其表达式可分为不等式约束和等式约束两种,即

$$g_i(x) > 0 \quad i = 1, 2, \cdots, p$$
$$h_k(x) = 0 \quad k = 1, 2, \cdots, q$$

本次圆振动筛的约束条件包括:

(1)圆振动筛的振动频率 f 一般为 $11 \sim 20$ Hz,得约束函数

$$g_1(x) = 11 - x_1 \leqslant 0$$
$$g_2(x) = x_1 - 20 \leqslant 0$$

(2)圆振动筛的筛面倾角 α 一般在 $15 \sim 25°$ 范围内选取,振幅大时取小值,振幅小时取大值,得约束函数

$$g_3(x) = 15 - x_2 \leqslant 0$$
$$g_4(x) = x_2 - 25 \leqslant 0$$

(3)圆运动振动筛筛分时,振幅选取 $2.5 \sim 4.0$ mm,得约束函数

$$g_5(x) = 2.5 - x_3 \leqslant 0$$
$$g_6(x) - x_3 - 4.0 \leqslant 0$$

(4)筛面颗粒群运动速度是作为优化计算的约束条件来使用的,即满足 $v > [v]$。

优化设计的初始条件:振幅 $A = 3$ mm,频率 $f = 14$ Hz,筛面倾角 $\alpha = 15°$,$[v] = 0.25$ m/s,$K_Q = 1.5$。由上述公式可以得出,圆振动筛优化设计的数学模型由 3 个设计变量、7 个不等式的约束化组成,即

$$x = [x_1, x_2, x_3]^T,$$
$$\text{s. t. } g_n(x) \leqslant 0 \quad (n = 1, 2, \cdots, 10)$$

式中,"s. t."为 Subject to 的缩写,意即"满足于"或"受限于"。

3.3.3 参数优化

1. 设计参数的给定

圆振动试验筛的有关参数:$L = 710$ mm,$K_Q = 1.5$,$N = 0.18$,$g = 9.8$ m $\cdot$ s^{-2},将各参数带入目标函数,整理得

$$f(x) = \frac{-1.345(\cos x_2 - 0.625)(2.375\cos x_2 - 0.234)}{x_1 x_3 (1 + 22\sqrt{\tan^3 x_2} \cdot x_2/18)\cos^2 x_2} \quad (3\text{-}23)$$

2. 编写目标函数和约束条件的 M 文件

开始进入 MATLAB 的文件编辑器并编写程序如下:

```
function[c,ceq]=myfun(x);
c=[0.099*(x(1)^2)*x(3)*(1+22*((tan(x(2)*pi/180))^1.5)*x(2)/18)-
```

0.25];

ceq=[];

在 MATLAB 窗口中输入：

fun=′−1.345 * (cos(x(2))−0.625) * (2.375 * cos(x(2) * pi/180)−0.234)/(x(1) * x(3) * (1+1.22 * x(2) * (tan(x(2) * pi/180)^1.5)) * cos(x(2) * pi/180)^2)′;

x0=[14 15 0.003];

A=[];

b=[];

Aeq=[];

beq=[];

lb=[11 15 0.0025];

ub=[20 25 0.004];

[x,fval]=fmincon(fun,x0,A,b,Aeq,beq,lb,ub,′myfun′)

所得到的结果为：

x=[13.3 15 0.004]

对比优化前后的圆振动筛分过程 DEM 模拟结果，所得的各粒径颗粒的部分筛分效率、量筛分效率及筛面颗粒运动速度结果见表 3-27。可以看出，优化后的量筛分效率为83.92%，比优化前的 72.23% 提高了 11.69 个百分点。因此，在保证筛面颗粒群运动速度的前提下，圆振动工作参数的优化结果能够有效地提高筛分效率。

表 3-27　　　　　　　　　　　　　　优化结果对比

阶段	部分筛分效率/%				量筛分效率/%	v/(m·s^{-1})
	0.2	0.4	0.6	0.8		
优化前	95.40	89.11	82.95	65.29	72.23	0.195
优化后	97.10	95.50	91.05	78.90	83.92	0.199

3.3.4　小　结

本节建立了圆振动筛的优化设计数学模型，在保证筛面颗粒群运动速度的前提下，将筛面颗粒经 i 次跳动仍不透筛的概率作为优化模型，获得了振动频率、筛面倾角和振幅的最优组合，并利用 MATLAB 进行优化求解。结果表明，优化后的筛分效率提高了11.69 个百分点，验证了此优化设计方法的可行性。

3.4　本章小结

本章对圆振动筛的筛分过程机理进行了 DEM 模拟研究，并利用自制圆振动筛模型机和高速动态分析系统开展了试验研究，分析了振幅、振动频率、筛面倾角和筛面长度对部分筛分效率、筛面颗粒群运动速度以及筛面颗粒跳动次数的影响机理，并讨论了颗粒形状对筛分过程的影响。主要结论如下：

（1）在自制圆振动试验筛上进行筛分试验，并将所获得的不同工况下振动筛的筛分效率、高速动态分析系统获得的筛面颗粒群运动速度以及不同粒级颗粒的运动轨迹与 DEM 数值模拟结果比较。研究结果表明,当采用真实物理参数及振动参数时,DEM 具有较高的模拟精度和可靠性,能够较准确地模拟颗粒及颗粒群的运动行为。

(2)当抛掷指数 $D<3.3$ 时,筛面运动周期就是颗粒跳动次数,即筛面每振动一次,物料就出现一次跳动;振动频率与筛面颗粒群运动速度为二次函数关系,振幅与筛面颗粒群运动速度为正比例关系,而筛面长度的变化对速度几乎没有影响。

(3)以圆振动筛的筛分过程中筛面颗粒经 i 次跳动仍不透筛的概率作为优化模型,获得了振动频率、筛面倾角和振幅的最优组合。模拟结果表明,优化后的筛分效率提高了 11.69 个百分点,验证了此优化设计方法的可行性。

第4章

滚轴筛的离散元法模拟优化设计

4.1 滚轴筛的设计及筛分过程模拟

4.1.1 滚轴筛结构参数的选择

如图 4-1 所示为滚轴筛的三维模型和实物。该滚轴筛以 DGS1815 型滚轴筛为原型，并结合实际生产需要改装而成。其中，滚轴筛的箱体长 6 500 mm，宽 1 810 mm，高 2 545 mm，筛箱下部设有底座，起支撑和缓冲作用。根据现场使用经验，为减少堵煤现象，筛面宽度应大于物料的最大粒度 D_{max} 的 3 倍，筛面长度应为筛宽的 2~4 倍。由于所选物料 D_{max} 为 300 mm，故筛面宽度取 1 600 mm，筛面长度取 5 466 mm。15 根筛轴采用倾斜直线型布置，筛面倾角为 6°。每根筛轴均同向等速旋转，共同完成物料的运输和筛分。每根筛轴均通过弹性柱销联轴器与筛箱外侧的驱动电动机相连，以便于对每根筛轴的转速进行实时调整，同时也方便检修和维护。入料口处设置有传输带，以保证入料平稳、均匀，入料口和出料口处均设置有导流板，使料流速度趋于平缓。筛箱下方设置有横向和纵向交错的传输带，分别用于输送筛上物和筛下物。

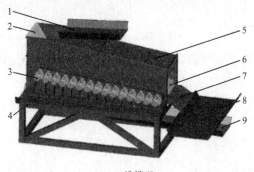

(a) 三维模型

(b) 滚轴筛实物

图 4-1　滚轴筛的三维模型和实物

1—入料传输带；2—上导流板；3—驱动电动机；4—底座；5—筛箱体；6—筛轴；

7—下导流板；8—筛上物传输带；9—筛下物传输带

物料在筛面上的运输和筛分主要由筛轴上的盘片完成,因此,筛轴和盘片是滚轴筛的主要零部件,其结构如图 4-2 所示。其中,盘片形状为渐开线齿形,相邻两个滚齿中线相距 45°,滚齿齿顶圆直径(盘片直径)D_1 为 500 mm,齿根圆直径 D_2 为 327 mm,中心轴直径 D_3 为 130 mm。

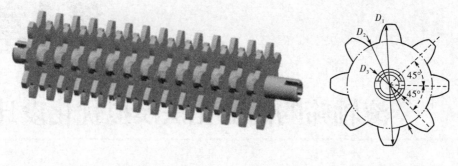

(a) 筛轴三维模型　　　　　　　　(b) 盘片结构

图 4-2　筛轴和盘片结构

筛面布置形式如图 4-3 所示。相邻筛轴的盘片交错排列,相邻两盘片侧面间隙 a 取 80 mm(筛分粒度为 80 mm),筛孔最大长度 b 取 80 mm,相邻两筛轴中心线间距 L 取 395 mm,每根筛轴的轴向长度为 1 460 mm,盘片厚度 c 取 30 mm。

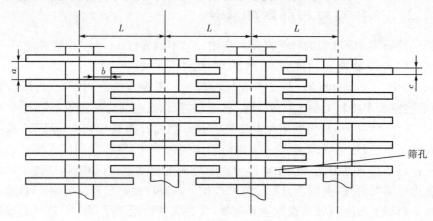

图 4-3　筛面布置形式

4.1.2　滚轴筛运动参数的选择[192]

滚轴筛各运动参数对其筛分效率具有重要的影响,并且由于进料和筛分粒度的不同,对各运动参数的要求也有所差异。因此,各部件运动参数的合理选择十分重要。

筛轴转速是滚轴筛的主要运动参数,是影响筛分效率的重要参数之一,其计算公式为

$$n \geqslant \frac{60v}{\pi D} \tag{4-1}$$

式中　v——滚轴筛盘片的线速度,m/min;

　　　D——盘片的直径,m。

为减小筛分过程中物料之间相互碰撞对料流速度的影响,盘片线速度应满足

$$v \geqslant (1.2 \sim 1.4) v_{料} \tag{4-2}$$

式中 $v_{料}$——料流线速度，m/min。

筛面上筛孔的总工作面积是决定滚轴筛筛面透筛能力的因素之一，其计算公式为

$$S_Q = SZ_Q \tag{4-3}$$

式中 S——筛面上单个筛孔的工作面积，m^2；

Z_Q——筛面的筛孔总数。

这两个参数的计算公式分别

$$S = ab \tag{4-4}$$

$$Z_Q = ZZ_K \tag{4-5}$$

式中 a——相邻两盘片的侧面间隙，m；

b——筛孔最大长度，m；

Z——每根筛轴轴向的筛孔数；

Z_K——筛面上的筛轴总数。

每根筛轴轴向的筛孔数的计算公式为

$$Z = 2(Z_P - 1) \tag{4-6}$$

式中 Z_P——每根筛轴上的盘片数。

滚轴筛的处理量是衡量其筛分能力的重要指标，也是重要的选型参数，其计算公式为

$$Q = 60nQ^* \eta \tag{4-7}$$

式中 Q^*——滚轴筛所有筛轴每转的总透筛量，t/h；

n——滚轴筛的筛轴转速，r/min；

η——物料与筛面的阻力影响系数，一般取值为 $0.95 \sim 0.98$。

所有筛轴每转的总透筛量计算公式为

$$Q^* = 4\pi Rab\gamma\mu Z_K(Z_P - 1) \tag{4-8}$$

式中 R——盘片的半径，m；

γ——物料的松散密度，t/m^3；

μ——松散排料不均匀系数，一般取值为 $0.2 \sim 0.3$。

为滚轴筛选取合适的电动机功率是保证筛分过程稳定进行的重要前提，电动机功率 N 的计算公式为

$$N = \frac{Z_K \varphi DQ}{114.6\eta^*} \tag{4-9}$$

式中 φ——筛分效率修正系数，一般取 $0.3 \sim 0.5$；

η^*——设备机械传动总效率，一般取 $0.86 \sim 0.95$。

滚轴筛的处理量不宜过大，否则会产生物料堆积现象。进料粒度的范围应根据模拟需要来选择，筛分粒度则由筛孔尺寸决定。根据经验，入料和出料传输带的速度一般为 $2 \sim 3$ m/s，筛轴转速一般取 $50 \sim 80$ r/min。盘片线速度和电动机功率可分别根据式(4-2)和式(4-9)计算得出。滚轴筛各项运动参数的取值见表4-1。

表 4-1 滚轴筛运动参数

参数名称	参数取值
处理量/(t·h^{-1})	2 000
进料粒度/mm	0～300
筛分粒度/mm	80
入料、出料传输带速度/(m·s^{-1})	2
筛轴转速/(r·min^{-1})	60
盘片线速度/(m·s^{-1})	1.6
电动机功率/kW	7.5

4.1.3 滚轴筛的筛分过程模拟

采用 EDEM 软件对滚轴筛进行筛分过程模拟。首先,将在 Creo 中建立好的滚轴筛三维模型文件转换成为 .stp 格式的文件,并将其导入 EDEM 软件。表 4-2 和表 4-3 所列分别为 Hertz-Mindlin 模型的接触参数以及各材料属性,将其导入 Globals 一栏。在 Geometry 一栏将每根筛轴的转速设置为 60 r/min,方向依据物料运动方向和右手定则确定,材料设置为金属。入料传输带、筛上物传输带和筛下物传输带的运动速度均设置为 2 m/s,方向为物料运动方向,材料设置为橡胶,其他部件的材料均设置为金属。

表 4-2 Hertz-Mindlin 模型的接触参数

接触参数	相互作用		
	煤-煤	煤-金属	煤-橡胶
静摩擦系数	0.60	0.40	0.71
滚动摩擦系数	0.05	0.05	0.05
恢复系数	0.20	0.20	0.05
黏附能量密度/(J·m^{-3})	150 000	150 000	0

表 4-3 各材料属性

属性	煤	金属	橡胶
泊松比	0.30	0.29	0.25
密度/(kg·m^{-3})	1 400	7 861	860
剪切模量/GPa	1.000 0	79.920 0	0.007 1

其次,根据进料粒度范围和筛分粒度可将入料粒度组成分为 6 组,分别为 20～40 mm,40～60 mm,60～80 mm,80～160 mm,160～240 mm 和 240～300 mm,而 0～20 mm 范围的颗粒在实际煤料中的占比较小,因此不予考虑。表 4-4 所列为入料粒度组成及其占比,其中,易透筛颗粒与难筛颗粒以及不透筛颗粒的质量比为 6∶2∶2。在 Particles 一栏中建立球形颗粒的外表面,分别对应 6 个粒径范围的颗粒模型,并将材料设置成煤,计算颗粒的质量和体积。

表 4-4　　　　入料粒度组成及其占比

粒径范围/mm	占比/%
20～40	30
40～60	30
60～80	20
80～160	10
160～240	5
240～300	5

在 Factories 一栏中建立 6 个颗粒工厂,分别产生 6 种粒径范围的颗粒,并在 Geometry 一栏中建立 6 个颗粒容器与其一一对应,颗粒的生成方式为随机生成。根据表 4-4 的入料粒度及其占比以及处理量,可以确定 6 个颗粒工厂中颗粒的生成速度,即入料速度,具体设置见表 4-5。

表 4-5　　　　各颗粒工厂中颗粒的生成速度

粒径范围/mm	颗粒工厂	颗粒生成速度/(kg·s⁻¹)
20～40	1	166.8
40～60	2	166.8
60～80	3	111.2
80～160	4	55.6
160～240	5	27.8
240～300	6	27.8

表 4-5 各颗粒工厂中颗粒的生成速度的标题行中单位为 $(kg \cdot s^{-1})$。

模型参数设置好后,对模拟参数进行设置。根据模拟经验,固定时间步长取值范围应为瑞利时间步长的 20% 左右。为了方便后续数据处理,本模拟中固定时间步长取 3×10^{-5} s。模拟总时间为 25 s,数据保存间隔为 0.1 s。如图 4-4 所示为滚轴筛的筛分过程模拟模型。由于电动机、底座部件等在筛分过程模拟中与颗粒无碰撞,并会对观察模拟结果造成影响,因此模拟过程可将其隐藏。

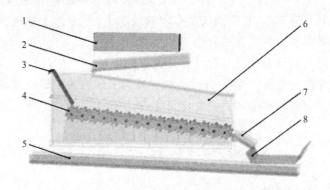

图 4-4　滚轴筛的筛分过程模拟模型

1—颗粒工厂;2—入料传输带;3—上导流板;4-驱动电动机;5-筛下物传输带;

6—筛箱体;7—下导流板;8—筛上物传输带

上述所有模型及参数设置完毕后,便可进行滚轴筛的筛分过程模拟,所得模拟结果如图 4-5 所示。其中,浅灰色颗粒为易筛颗粒,即粒度在 20～60 mm 范围内的颗粒;深灰色颗粒为难筛颗粒,即粒度在 60～80 mm 范围内的颗粒;灰色颗粒为不透筛大颗粒,即粒度在 80～300 mm 范围内的颗粒。

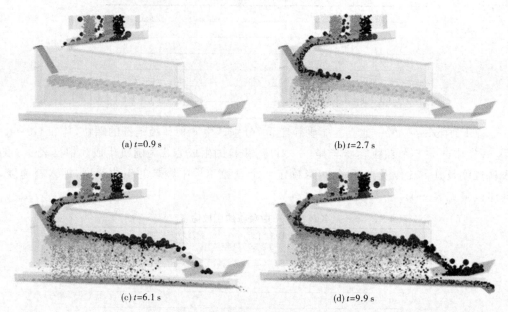

(a) $t=0.9$ s

(b) $t=2.7$ s

(c) $t=6.1$ s

(d) $t=9.9$ s

图 4-5　滚轴筛筛分过程的模拟结果

　　如图 4-5(a)所示为 $t=0.9$ s 时的颗粒运动情况。6 种粒度范围的颗粒均匀、随机地落在入料传输带上,准备进入滚轴筛进行筛分。当 $t=2.7$ s 时,滚轴筛开始对颗粒进行筛分,并且透筛的颗粒全为易筛颗粒,如图 4-5(b)所示。当 $t=6.1$ s 时,筛面上的不透筛大颗粒开始落入筛上物传输带上,由筛上物传输带进行运输。与此同时,难筛颗粒的透筛率逐渐增大,且越接近筛箱尾部,难筛颗粒越多,如图 4-5(c)所示。当 $t=9.9$ s 时,筛分过程已达到稳定状态,如图 4-5(d)所示。可以看出,难筛颗粒需要足够的筛面长度和筛轴数量才能保证其筛分效率,在筛面长度有限的情况下,可考虑通过调节筛轴转速、筛面倾角以及处理量等参数达到提升筛分效率的目的。

　　为了进一步研究滚轴筛各项参数对筛分过程的影响,需要对筛面上各部分颗粒群的运动速度变化规律进行分析。如图 4-6 所示,在筛面上选取 4 段等长区域,分析该 4 段区域筛面颗粒群运动速度随模拟时间的变化规律,所得结果如图 4-7 所示。

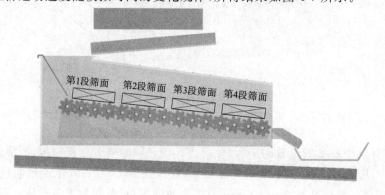

第1段筛面　第2段筛面　第3段筛面　第4段筛面

图 4-6　滚轴筛筛面划分

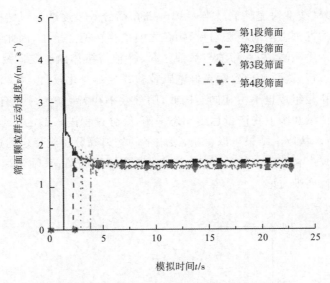

图 4-7　筛面颗粒群运动速度随模拟时间的变化规律

　　从第 1 段筛面颗粒群运动速度的变化规律可以看出，$t=1.4$ s 之前物料正通过入料传输带将物料向箱体内运输，暂时没有颗粒进入第 1 段筛面，因此筛面颗粒群运动速度为0。由于第 1 段筛面靠近上导流板，在 $t=1.4$ s 时物料刚落到筛面上，进入第 1 段筛面上的颗粒数较少，并且这些颗粒大都由于惯性作用向前抛掷，因此筛面颗粒群初始运动速度较大，达到了 4.24 m/s。之后，筛面颗粒群运动速度在颗粒间的碰撞挤压作用以及滚轴的带动作用下逐渐稳定，在 $t=4.5$ s 时入料过程达到稳定状态，该速度在 1.58 m/s 上下小幅度波动。与第 1 段筛面相比，第 2 段筛面远离了落料区域，因此筛面颗粒群初始运动速度明显减小，但同样由于少部分颗粒率先进入第 2 段筛面，并且单个颗粒的运动速度在颗粒之间的碰撞作用和滚轴的抛掷作用下会具有很强的随机性，因此筛面颗粒群运动速度在颗粒还未完全充填第 2 段筛面区域时达到了最大。第 3 段和第 4 段筛面上的颗粒与第 2 段筛面具有相似的运动规律。从以上分析可以看出，颗粒落在筛面时的速度不宜过快，才能使入料过程尽快达到稳定，从而增大有效筛面长度。因此，上导流板和筛面的倾斜角度均应合理选择。

　　图 4-8 所示为滚轴筛的筛分效率随模拟时间的变化规律。可以看出，从筛分过程开始到 $t=6.6$ s 时，筛分效率一直保持 100%。筛分效率的计算公式为

$$\eta_{\mathrm{d}} = \frac{Q_{\mathrm{下}}}{Q_{\mathrm{总}}} = 1 - \frac{Q_{\mathrm{上}}}{Q_{\mathrm{总}}} \tag{4-10}$$

式中　η_{d}——筛分效率；

　　　$Q_{\mathrm{下}}$——筛下物质量，kg；

　　　$Q_{\mathrm{总}}$——入筛原料中粒径小于筛孔尺寸的物料质量，kg；

　　　$Q_{\mathrm{上}}$——筛上物中粒径小于筛孔尺寸的物料质量，kg。

　　筛分过程的前 6.6 s 内，筛上物传输带上没有物料产出，由式（4-10）可知筛分效率可视为1，并随着筛分过程的进行逐渐下降。当 $t=6.6$ s 时，筛上物传输带上才开始落入未透筛并且粒径小于筛孔尺寸的颗粒，此时颗粒物料覆盖了整个筛面。此时，筛上物逐渐增

多,篩分效率近似呈線性快速降低。當 $t=10$ s 時,篩分效率逐漸在區域穩定。由於滾軸篩主要依靠篩軸的拋擲力向前輸送物料,顆粒之間也存在相互擠壓,因此物料中的細小顆粒容易在箱體內產生飛濺,並且篩軸與篩軸之間、篩軸與箱體內壁之間易充填細小顆粒。隨著篩分過程的進行,這兩者導致顆粒群中顆粒粒徑分布變化較大,最終落在篩上物傳輸帶上的顆粒群的粒徑組成也不盡相同。因此,篩分效率在 $t=10$ s 後具有一定的波動性,但整體上篩下物產量和篩上物產量達到動態平衡,篩分過程進入穩定狀態,篩分效率最終穩定於 0.95 左右。從以上結果可以得出,滾軸篩的物料篩分達到穩定的過程實質上就是其篩分效率不斷減小直至穩定的過程,減小的速度與篩面傾角、篩軸轉速等因素有關,在後續章節中會進行詳細討論。

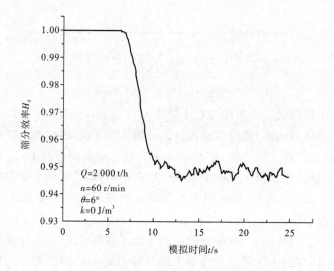

图 4-8　篩分效率隨模擬時間的變化規律

表 4-6 為篩分過程達到穩定狀態時($t=15$ s)篩上物和篩下物中不同粒徑範圍顆粒的質量及其占比。為了更直觀地對不同粒徑範圍顆粒占比進行對比,可將表 4-6 中數據繪制為圖 4-9 所示結果。

表 4-6　穩態時篩上物和篩下物中不同粒徑範圍顆粒的質量及其占比

粒徑範圍/mm	20~40	40~60	60~80	80~160	160~240	240~300
篩上物中質量/kg	4.69	42.75	156.69	127.31	71.18	46.89
篩上物中占比/%	1.04	9.51	34.86	28.32	15.84	10.43
篩下物中質量/kg	1 008.08	1 095.17	593.04	71.60	0	0
篩下物中占比/%	36.42	39.57	21.43	2.59	0	0

可以看出,在滾軸篩的篩分過程達到穩定狀態後,60~80 mm 和 80~160 mm 顆粒為篩上物的主要組成部分,分別占 34.86% 和 28.32%。原因是 60~80 mm 顆粒為難篩顆粒,即粒度大於篩孔四分之三尺寸的顆粒,在篩分過程中由於與其他顆粒之間存在碰撞擠壓等作用,透篩十分困難,因此大量存在於篩上物之中。20~40 mm 顆粒僅占篩上物的 1.04%,可見小粒徑顆粒的透篩效果優良。篩下物中,20~40 mm 和 40~60 mm 顆粒占大多數,分別達到了 36.42% 和 39.57%,而在篩下物中也有少量的 80~160 mm 顆粒。

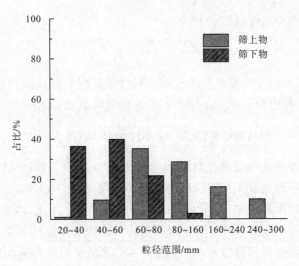

图 4-9　不同粒径范围颗粒占比

其原因是滚轴筛在筛分过程中存在一定的限上率,即会有少部分超过筛孔尺寸的颗粒落入筛下物当中,这属于筛分过程的正常现象。通常,只要限上率小于规定值,便不会对筛下产品产生影响。

4.1.4　小　结

本节介绍了滚轴筛结构和运动参数的选取方法,在 EDEM 中模拟了滚轴筛的筛分过程,并分析了筛分效率和筛面颗粒群平均运动速度随模拟时间的变化规律。

4.2　滚轴筛筛分过程的影响因素分析

本节建立了多组不同参数下的滚轴筛筛分过程模型,分别研究转速、筛面倾角和黏附能量密度对滚轴筛的筛分过程及筛分效率的影响。为了便于统计筛下物和筛上物的质量以及颗粒群的平均运动速度,在 EDEM 中建立了如图 4-10 所示的 3 个统计框,分别用于统计并记录每个模拟时刻筛上物质量、入筛原料质量和筛面颗粒群运动速度,以便于对筛分效率和筛面颗粒群运动速度进行分析。

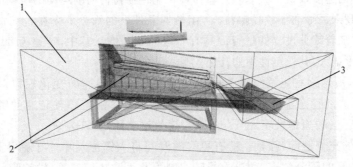

图 4-10　滚轴筛的筛分过程颗粒信息统计框

1—入筛原料质量统计框;2—筛面颗粒群运动速度统计框;3—筛上物质量统计框

模拟结果中的筛分效率计算公式为

$$\eta_d = \frac{M_1 - M_3}{M_1} = 1 - \frac{M_3}{M_1} \qquad (4\text{-}11)$$

式中 M_1——入筛原料中粒径尺寸小于筛孔尺寸的颗粒质量,kg;

  M_3——筛上物中粒径尺寸小于筛孔尺寸的颗粒质量,kg。

4.2.1 转速对滚轴筛筛分过程的影响

滚轴筛的筛轴是通过电动机控制的,电动机的转速决定了滚轴筛筛轴的转速,而转速的选取与滚轴筛的处理量有关。当选取的转速低于某一处理量所需的最小转速时,滚轴筛筛箱内会出现物料堆积现象,阻碍筛分过程的有效进行。因此,转速的选取不能低于滚轴筛处理量所需的最小临界转速。表 4-7 所列为滚轴筛各处理量下的最小临界转速[193]。在排除了物料堆积现象对筛分过程的影响后,为了研究大于最小临界值的各筛轴转速对筛分过程的影响,本节建立了不同转速条件下的仿真模型,通过对比分析各组模拟所得的筛分效率及颗粒群运动速度,得出转速对筛分过程的影响规律。

表 4-7   滚轴筛各处理量下的最小临界转速

处理量/(t·h^{-1})	1 000	2 000	3 000	4 000
最小临界转速/(r·min^{-1})	30	45	50	60

在 EDEM 软件中,将模型及仿真参数设置为:筛面倾角 0°,球形颗粒,黏附能量密度为 0 J/m^3,转速分别为 50 r/min,60 r/min,70 r/min,80 r/min。记录各模拟过程稳定时的筛分效率和筛面颗粒群运动速度,将所得结果列于表 4-8 中。各筛轴转速下的筛分效率和筛面颗粒群运动速度的变化情况如图 4-11 所示。

表 4-8   水平筛面筛分系统稳态时不同筛轴转速对应的筛分效率及筛面颗粒群运动速度

筛轴转速/(r·min^{-1})	50	60	70	80
筛分效率/%	95.6	94.2	92.6	90.1
运动速度/(m·s^{-1})	1.25	1.45	1.66	1.84

图 4-11(a)所示为各转速条件下的筛分效率变化规律。可以看出,随着转速的增大,稳定状态时的筛分效率逐渐降低。当转速为 80 r/min 时,筛分效率于 $t=4.9$ s 左右时即开始下降,并且下降的速度最快。其原因是高筛轴转速导致物料向前运动的速度最快,筛上物传输带上最先出现未透筛的小粒径颗粒。4 组转速条件下的筛分效率在 $t=12.5$ s 时都基本达到了稳定,并随着筛分过程的进行而具有一定的波动性。其中,转速为 80 r/min 时筛分效率的波动幅度最大,其稳定性不如其他 3 组。

图 4-11(b)所示为稳定筛分状态时筛分效率随筛轴转速的变化规律。可以看出,转速为 50 r/min 时的稳态筛分效率最高,达到了 95.6%。随着筛轴转速的增大,稳态筛分效率不断下降。当转速增大至 80 r/min 时,筛分效率最低,仅为 90.1%。可见,较低的转速有利于物料的充分透筛,筛轴组能有更多的时间将入筛原料中小于筛孔尺寸的颗粒分离,进而获得较高的筛分效率,而过大的转速则不利于物料的透筛,导致筛分效率下降。

如图 4-11(c)所示为各转速条件下的筛面颗粒群运动速度变化规律。可以看出,随着

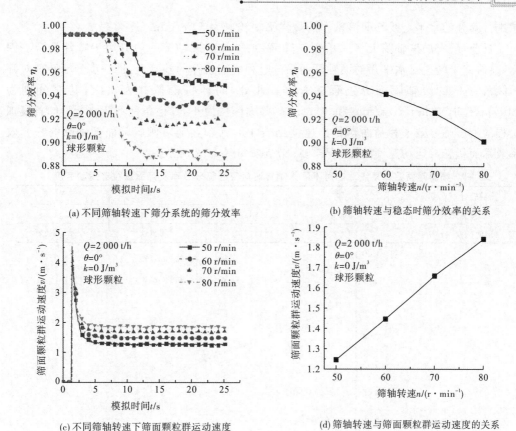

(a) 不同筛轴转速下筛分系统的筛分效率　　　　(b) 筛轴转速与稳态时筛分效率的关系

(c) 不同筛轴转速下筛面颗粒群运动速度　　　　(d) 筛轴转速与筛面颗粒群运动速度的关系

图 4-11　筛轴转速对水平筛面筛分系统筛分效率及筛面颗粒群运动速度的影响

转速的增大,稳定筛分时的筛面颗粒群运动速度逐渐增大。在筛分初始阶段($t<1.4$ s),颗粒群正在入料传输带上向前运动,还未进入滚轴筛的筛面区域,因此筛面颗粒群运动速度的统计结果为 0 m/s。当 t 约为 1.4 s 时,各筛分过程中的筛面颗粒群运动速度陡增至 4.0 m/s 以上。其原因是颗粒群在落到上导流板之前受到自身重力及入料传输带抛掷的作用,获得了一定的加速度,使速度不断增大,并在 1.4 s 左右时颗粒以最大速度进入筛面颗粒群运动速度的统计区域。之后,在上导流板和筛轴的作用下,筛面颗粒群运动速度不断减小并最终达到稳定状态。

图 4-11(d)所示为稳定筛分状态时筛面颗粒群运动速度随筛轴转速的变化规律。随着转速的增大,筛面颗粒群运动速度近似呈线性增长。其原因是,随着转速的增大,筛面颗粒群受到各筛轴的作用增强。可见,较快的转速能够加速筛面颗粒群在箱体内的运动速度,使筛分过程更快地进行,有效保证滚轴筛的处理量。

基于上述分析可知,筛轴转速的选择应综合考虑筛分效率和筛分速度,转速过低会导致处理量降低,转速过高会导致筛分效率低下。在保证滚轴筛处理量的前提下,可以适当降低转速以得到更高的筛分效率。由于 50 r/min 比较接近物料堆积的临界转速,在处理量较大时,滚轴筛入料端筛面处很容易产生物料堆积现象,阻碍滚轴筛的稳定运行。70 r/min 和 80 r/min 的筛分系统虽然筛面颗粒群运动速度较快,但筛分不彻底,筛分效率较低。而 60 r/min 的筛分系统的筛分效率和筛面颗粒群运动速度都较高,故对球形颗粒进行筛分的水平直线筛面滚轴筛的最优筛轴转速为 60 r/min。

目前,已有的滚轴筛大多采用倾斜筛面,水平筛面滚轴筛一般只用于特殊场合。因此,在研究了转速对水平筛面滚轴筛的筛分过程影响规律的基础上,进一步分析转速对筛面倾角为 6° 的滚轴筛筛分过程的影响。此处,同样将模拟分为 4 组,转速分别为 50 r/min,60 r/min,70 r/min 和 80 r/min,筛面倾角为 6°,其他条件不变。所得的各模拟过程的稳态筛分效率和筛面颗粒群速度见表 4-9,筛轴转速对倾斜筛面滚轴筛的筛分效率及筛面颗粒群运动速度的影响及其对比结果如图 4-12 所示。

表 4-9 倾斜筛面筛分系统稳态时不同筛轴转速对应的筛分效率及筛面颗粒群运动速度

筛轴转速/$(r \cdot min^{-1})$	50	60	70	80
筛分效率/%	96.3	94.1	92.5	89.5
运动速度/$(m \cdot s^{-1})$	1.26	1.46	1.68	1.85

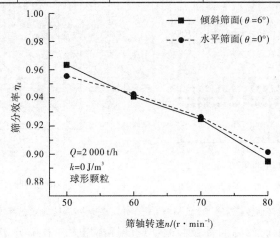

(a) 稳态时的筛分效率变化规律

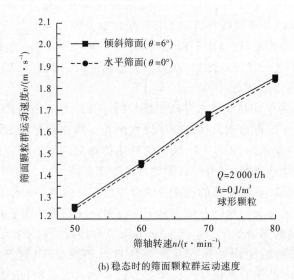

(b) 稳态时的筛面颗粒群运动速度

图 4-12 筛轴转速对倾斜筛面滚轴筛的筛分效率及筛面颗粒群运动速度的影响及其对比

由图 4-12(a)可以看出,随着转速的增大,筛面倾角为 6°的筛分效率变化规律与水平筛面的筛分效率变化规律类似。当转速为 50 r/min 时,筛面倾角为 6°的筛分效率为最高的 96.3%,略高于水平筛面的筛分效率。当转速为 80 r/min 时,筛面倾角为 6°的筛分效率为最低的 89.5%,与水平筛面筛分效率相比略有降低。当转速为 60 r/min 和 70 r/min 时,两种筛面的筛分效率基本相同。由此可以看出,当筛面倾角不同时,随着转速的变化,筛分效率在整体上具有类似的变化规律,但筛面倾角仍对筛分效率具有一定的影响作用。

图 4-12(b)所示为稳定筛分状态下的筛面颗粒群运动速度随筛轴转速的变化规律。可以看出,与水平筛面的筛面颗粒群运动速度类似,筛面倾角为 6°时的筛面颗粒群运动速度同样随着转速的增大而近似线性增大,但各转速下的筛面颗粒群运动速度均略有增大。其原因是筛面倾角的存在使得颗粒不仅受到筛轴的推动作用,同时还受到重力沿筛面方向的分力作用,从而使得筛面颗粒群运动速度较水平筛面高一些。

4.2.2　筛面倾角对滚轴筛筛分过程的影响

由上述讨论可知,筛面倾角会对筛面颗粒群的运动产生一定的加速作用,但对筛分效率的影响规律尚不清楚。因此,为了进一步研究筛面倾角对滚轴筛筛分过程的影响,本节建立了不同筛面倾角条件下的筛分过程模型,进而分析筛面倾角的影响作用。

为了排除其他因素的影响,首先针对无黏结作用颗粒(干燥颗粒)的筛分过程进行模拟研究。模拟过程中的参数设置为:球形颗粒,黏附能量密度为 0 J/m³,转速为 60 r/min,筛面倾角分别为 0°,3°,6°,9°。所得的各模拟过程稳态筛分效率和筛面颗粒群运动速度结果列于表 4-10 中,筛面倾角对干燥颗粒的筛分效率及筛面颗粒群运动速度的影响如图 4-13 所示。

表 4-10　不同筛面倾角下的无黏结颗粒的筛分效率及筛面颗粒群运动速度

筛面倾角/(°)	0	3	6	9
筛分效率/%	94.2	93.5	94.6	92.1
运动速度/(m·s⁻¹)	1.431	1.442	1.445	1.453

如图 4-13(a)所示为筛面倾角对稳态时筛分效率的影响。可以看出,筛面倾角对稳态时的筛分效率不具有线性的影响作用。当筛面倾角由 0°增大至 3°时,由于筛面颗粒群运动速度的增大,相应的筛分效率由 94.2%缓慢降低至 93.5%。但当筛面倾角进一步增大至 6°时,筛分效率反而缓慢增大至最高的 94.6%。表明此时筛面颗粒群不仅具有较快的运动速度,还具有良好的透筛效果。当筛面倾角增大至 9°时,筛面颗粒群运动速度进一步增大,显著降低了物料在筛轴上的停留时间和透筛时间,从而其筛分效率出现了较明显的降低,其筛分效率值为最低的 92.1%。

图 4-13(b)所示为稳态筛分时的筛面颗粒群运动速度随筛面倾角的变化规律。可以看出,筛面颗粒群运动速度随筛面倾角的增大而缓慢增大,其增幅仅有 0.01 m/s 左右。可见,对于滚轴筛,当筛面倾角较小(小于 9°)时,随着筛面倾角的增大,筛面颗粒群运动速度仅会缓慢增大,即筛面倾角对筛面颗粒群运动速度的影响较弱。

综上所述,筛面倾角对无黏结颗粒的筛分效率具有非线性的影响规律。在一定范围内,随着筛面倾角的增大,筛面的有效筛孔尺寸减小,物料沿筛面的运动速度增大,在筛面上的停留时间缩短,导致筛分时间缩短,减少了颗粒的透筛机会,物料无法充分地分层和

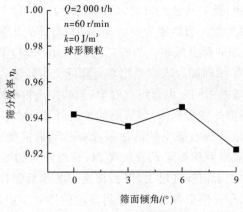

(a) 筛面倾角对稳态时筛分效率的影响

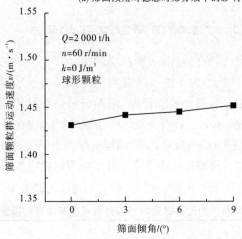

(b) 筛面倾角对筛面颗粒群运动速度的影响

图 4-13 筛面倾角对无黏结颗粒的筛分效率及筛面颗粒群运动速度的影响

透筛,从而导致筛分效率的下降[194]。对球形无黏结颗粒的筛分,当筛轴转速为 60 r/min 且筛面倾角为 6°时可获得最佳的筛分效果。

由于滚轴筛常用于筛分湿黏颗粒物料,在筛分过程中颗粒与颗粒之间、颗粒与筛面之间存在黏结现象,因此,有必要进一步研究筛面倾角对具有一定黏结作用的颗粒物料筛分过程的影响。此处,选定处理量为 2 000 t/h,筛轴转速为 60 r/min,湿黏颗粒间的黏附能量密度为 1.5×10^5 J/m³,筛面倾角分别为 0°,3°,6°,9°,同样开展 4 组筛分过程模拟。所得的湿黏颗粒稳态筛分效率和筛面颗粒群运动速度结果列于表 4-11。筛面倾角对黏结颗粒的筛分效率和颗粒群运动速度的影响如图 4-14 所示。

表 4-11 颗粒黏结筛分系统不同筛面倾角对应的筛分效率及筛面颗粒群运动速度

筛面倾角/(°)	0	3	6	9
筛分效率/%	94.2	92.6	93.2	92.4
运动速度/(m·s⁻¹)	1.432	1.441	1.443	1.461

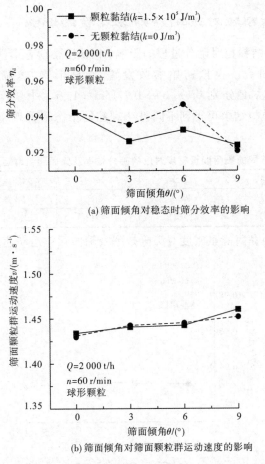

(a) 筛面倾角对稳态时筛分效率的影响

(b) 筛面倾角对筛面颗粒群运动速度的影响

图 4-14　筛面倾角对黏结颗粒的筛分效率及筛面颗粒群运动速度的影响

由图 4-14(a)所示为的筛面倾角对黏结颗粒的稳态筛分效率的影响可以看出,随着筛面倾角的增大,黏结颗粒和无黏结颗粒的稳态筛分效率变化的趋势大体相同。当筛面倾角为 0°时,稳态筛分效率均为 94.2%。当筛面倾角增大至 3°时,黏结颗粒的筛分效率降低至 92.6%,比无黏结颗粒低了 0.9 个百分点。当筛面倾角为 6°时,黏结颗粒的筛分效率缓慢增大至 93.2%,相比无黏结颗粒低了 1.4 个百分点。显然,颗粒间的黏结作用阻碍了筛面颗粒的分层和透筛作用。当筛面倾角增大至 9°时,黏结颗粒的筛分效率又缓慢降低至 92.4%,仅稍高于无黏结颗粒的筛分效率。

如图 4-14(b)所示为筛面倾角对筛面颗粒群运动速度的影响。可以看出,随筛面倾角的增大,黏结颗粒群运动速度同样近似呈线性增大趋势,并且与无黏结颗粒群运动速度十分接近。当筛面倾角小于 9°时,筛面黏结颗粒群运动速度基本与相应的无黏结颗粒群运动速度相同。当筛面倾角为 9°时,黏结颗粒群运动速度稍高于无黏结颗粒群,但其速度仅高了约 0.008 m/s。

由以上分析可知,筛面倾角为 6°时的球形颗粒具有良好的筛分效果,并且黏结颗粒对筛面倾角为 6°时的筛分效率的影响较为明显。为了进一步揭示黏附能量密度对筛分过程的影响规律,可以在筛面倾角为 6°的条件下对筛面颗粒的黏结现象开展研究。

4.2.3 黏结颗粒对滚轴筛筛分过程的影响

为进一步分析黏结颗粒对筛分过程的影响,本节开展具有不同黏附能量密度的黏结颗粒筛分过程模拟研究。模拟初始参数设置为:球形颗粒,筛面倾角为 $6°$,转速为 60 r/min,黏附能量密度分别为 1.3×10^5 J/m³,1.5×10^5 J/m³,1.7×10^5 J/m³,1.9×10^5 J/m³。由模拟结果可得到不同黏结颗粒的稳态筛分效率和筛面颗粒群运动速度,见表 4-12。

表 4-12　4 组不同的黏附能量密度对应的筛分效率及筛面颗粒群运动速度

黏附能量密度/($\times 10^5$ J·m⁻³)	1.3	1.5	1.7	1.9
筛分效率/%	93.1	93.2	93.3	93.0
运动速度/(m·s⁻¹)	1.431	1.443	1.444	1.445

如图 4-15 所示为黏附能量密度对筛分效率及筛面颗粒运动速度的影响规律。

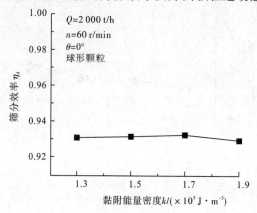

(a) 黏附能量密度对稳态时筛分效率的影响

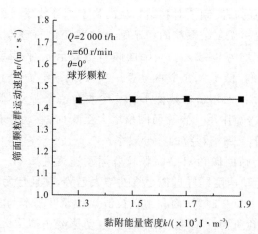

(b) 黏附能量密度对筛面颗粒群运动速度的影响

图 4-15　黏附能量密度对 4 组筛分效率及筛面颗粒群运动速度的影响

可以看出,当黏附能量密度从 1.3×10^5 J/m³ 增大到 1.9×10^5 J/m³ 时,黏结颗粒的筛分效率并无明显变化,均约为 93%,如图 4-15(a)所示。随着黏附能量密度的增大,筛面黏结颗粒群运动速度也无明显变化,均保持在 1.443 m/s 左右,如图 4-15(b)所示。可见,当黏附能量密度值介于 1.3×10^5 J/m³ 至 1.9×10^5 J/m³ 之间时,黏结颗粒的稳态筛分效率和筛面颗粒群运动速度均未出现明显的变化。

为了进一步确定黏附能量密度对筛分过程的影响,将黏附能量密度的差值扩大 5 倍,新增两组模拟试验,黏附能量密度分别设置为 0.3×10^5 J/m³ 和 2.9×10^5 J/m³。所得结果与之前的 4 组数据以及 $k=0$ 时的数据进行比较,所得的稳态筛分效率和筛面颗粒群运动速度结果列于表 4-13,黏附能量密度对筛分效率及筛面颗粒群运动速度的影响如图 4-16 所示。

表 4-13　7 组不同的黏附能量密度对应的筛分效率及筛面颗粒群运动速度

黏附能量密度/ ($\times 10^5$ J·m⁻³)	0	0.3	1.3	1.5	1.7	1.9	2.9
筛分效率/%	94.6	93.3	93.1	93.2	93.3	93.0	93.3
运动速度/(m·s⁻¹)	1.445	1.432	1.431	1.443	1.444	1.445	1.443

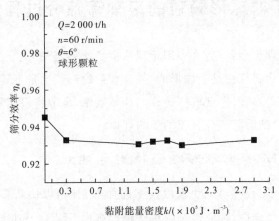

(a) 黏附能量密度对稳态时筛分效率的影响

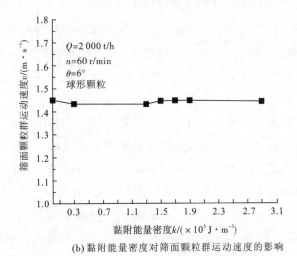

(b) 黏附能量密度对筛面颗粒群运动速度的影响

图 4-16　黏附能量密度对 7 组筛分效率及筛面颗粒群运动速度的影响

从图 4-16(a)中可以看出,黏附能量密度从 0 增大至 0.3×10^5 J/m³ 时筛分效率出现了较明显下降,但降幅仅为 1.3%。之后,随着黏附能量密度的增大,筛分效率并未见明显的变化。由图 4-16(b)可以看出,黏附能量密度为 0.3×10^5 J/m³ 和 2.9×10^5 J/m³ 时的筛面颗粒群运动速度也没有明显变化。由此可见,球形颗粒的黏附能量密度对滚轴筛筛分过程没有明显的影响。

4.2.4 小 结

本节开展了滚轴筛的筛分过程 DEM 模拟研究,分析了滚轴筛的筛分效率和筛面颗粒群运动速度的变化规律,揭示了筛轴转速、筛面倾角和黏附能量密度对球形颗粒筛分过程的影响机理,并获得了球形颗粒筛分时的最优转速为 60 r/min,最优筛面倾角为 6°,为后续不同条件下滚轴筛的参数选取提供了参考。

4.3 基于非球形颗粒的滚轴筛筛分过程模拟研究

球形颗粒是一种理想型颗粒,大多用于理论模型计算、公式推导及理论推导等。而实际筛分过程中的颗粒物料往往是非球形的,并且颗粒的形状也是不规则的。因此,为了获得更加准确的模拟结果,同时保证模拟运算的计算效率,本节将采用规则的非球形颗粒模型,研究各模拟参数对滚轴筛筛分过程的影响规律。

4.3.1 EDEM 中非球形颗粒模型的建立

煤颗粒的形状主要为胶囊形、块状以及多面体形,其中以块状颗粒居多[29]。因此为了使颗粒模型更具有代表性,选取简化的块状颗粒作为 EDEM 中非球形颗粒的模型。同时,为了减小模拟误差,在 Creo 三维建模软件中建立与 4.2 节中球形颗粒体积相同的块状颗粒模型。Cleary 等[186]的研究结果表明,采用与球形颗粒等体积直径的非球形颗粒可以有效提高模拟精度。因此,构建颗粒模型时,为了保证颗粒模型体积一致,将块状颗粒视为由一个大球形颗粒和四个等直径的小球形颗粒填充而成,并且等体积直径为 20 mm。

如图 4-17 所示为模拟过程中采用的非球形颗粒模型。其中,图 4-17(a)所示为 Creo 中建立的颗粒几何模型,可作为多球法构造非球形颗粒的模板。为了实现颗粒的缩放,得到等体积直径分别为 20~40 mm,40~60 mm,60~80 mm,80~160 mm,160~240 mm 和 240~300 mm 的非球形颗粒。参照 Creo 中块状颗粒模型的参数,在 EDEM 中建立等体积直径为 20 mm 的基础颗粒,如图 4-17(b)所示。利用颗粒工厂中的参数设置功能,可将该基础颗粒分别放大 2 倍、3 倍、4 倍、8 倍、12 倍和 15 倍,得到各颗粒粒径范围的等体积下限颗粒和等体积上限颗粒,并由此生成粒径随机分布的非球形颗粒。

(a) 块状颗粒Creo模型　　　　　　　(b) EDEM中的非球形颗粒模型

图 4-17　非球形颗粒模型

4.3.2　转速对非球形颗粒筛分过程的影响

在模拟过程中将球形颗粒改为非球形颗粒,各参数对筛分过程的影响规律可能有所变化。因此,本节首先讨论筛轴转速对非球形颗粒筛分过程的影响规律,并与球形颗粒相比较。对于水平筛面,各模拟参数的设置为:筛面倾角为 0°,非球形颗粒,黏附能量密度为 0 J/m³,转速分别为 50 r/min,60 r/min,70 r/min,80 r/min。根据模拟结果可得到不同转速下的非球形颗粒稳态筛分效率和筛面颗粒群运动速度,其结果列于表 4-14。

表 4-14　不同筛轴转速下水平筛面非球形颗粒的稳态筛分效率及筛面颗粒群运动速度

筛轴转速/(r·min^{-1})	50	60	70	80
筛分效率/%	97.9	96.1	93.3	90.4
运动速度/(m·s^{-1})	1.26	1.49	1.67	1.83

如图 4-18 所示为筛轴转速对非球形颗粒在水平筛面上的筛分过程影响规律。由图 4-18(a)所示的筛轴转速对稳态筛分效率的影响可以看出,与球形颗粒类似,非球形颗粒的稳态筛分效率同样随着转速的增大而逐渐降低,但相同转速下非球形颗粒的筛分效率要高于球形颗粒。另外,随着转速的增大,非球形颗粒的筛分效率与球形颗粒的筛分效率之间的差值也逐渐减小。当转速为 50 r/min 时,非球形颗粒的筛分效率为 97.9%,比相应的球形颗粒的筛分效率高 2.3 个百分点。但是,当转速增大至 80 r/min 时,非球形颗粒的筛分效率降低至 90.4%,仅比球形颗粒的 90.1%高 0.3 个百分点。由于非球形颗粒在一些方向上的尺寸相对于等体积球形颗粒的尺寸更小,当转速较低时,非球形颗粒在筛分过程中通过调整方位更容易实现透筛,因此,其筛分效率稍高于球形颗粒。由图 4-18(b)所示的转速对筛面颗粒群运动速度的影响规律可以看出,非球形颗粒群运动速度同样随着转速的增大而近似线性增大,并且速度值与球形颗粒群十分接近。由此可见,颗粒形状对水平筛面的筛分过程具有较小的影响。

对于倾斜筛面,除了筛面倾角设置为 6°之外,其他模拟参数均与水平筛面滚轴筛一致,当转速分别为 50 r/min,60 r/min,70 r/min 和 80 r/min 时,所得的倾斜筛面滚轴筛稳态筛分效率和筛面颗粒群运动速度结果见表 4-15。

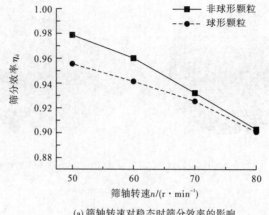

(a) 筛轴转速对稳态时筛分效率的影响

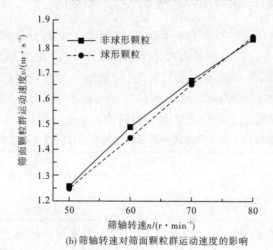

(b) 筛轴转速对筛面颗粒群运动速度的影响

图 4-18 筛轴转速对非球形颗粒在水平筛面上的筛分过程影响规律

表 4-15 不同筛轴转速下倾斜筛面非球形颗粒的稳态筛分效率及筛面颗粒群运动速度

筛轴转速/$(r \cdot min^{-1})$	50	60	70	80
筛分效率/%	97.4	95.6	92.9	89.7
运动速度/$(m \cdot s^{-1})$	1.27	1.45	1.65	1.83

如图 4-19 所示为筛轴转速对非球形颗粒在倾斜筛面上的筛分过程影响规律。由如图 4-19(a)所示的筛轴转速对稳态时筛分效率的影响可以看出,与水平筛面类似,倾斜筛面上的非球形颗粒稳态筛分效率同样随着转速的增大而逐渐降低,并且相同转速下的倾斜筛面筛分效率均稍低于水平筛面的筛分效率。其原因是筛面倾角的增大会导致有效筛孔尺寸减小,不利于非球形颗粒的透筛。另外,与倾斜筛面上的球形颗粒相比,倾斜筛面上非球形颗粒的筛分效率均较高。并且,当转速低于 60 r/min 时,倾斜筛面非球形颗粒的筛分效率比球形颗粒高 1 个百分点以上;当转速高于 60 r/min 时,两者之间的差别则较小。图 4-19(b)所示为筛轴转速对筛面颗粒群运动速度的影响规律。可以看出,倾斜筛面上非球形颗粒群运动速度同样随着转速的增大而近似线性增大,并且整体上与水平筛面非球形颗粒群运动速度接近。此外,倾斜筛面上的球形颗粒群与非球形颗粒群运动

速度同样接近,表明所采用的 6°筛面倾角对非球形颗粒群运动速度没有明显的影响。

由以上分析可知,颗粒形状对滚轴筛的筛分过程并未见有明显的影响,相比于球形颗粒,非球形颗粒在筛面上的运动更为复杂,并且在筛分过程通过调整方位而更容易实现透筛。与球形颗粒的筛分类似,当筛轴转速为 60 r/min 时,同样可以获得良好的筛分效果。

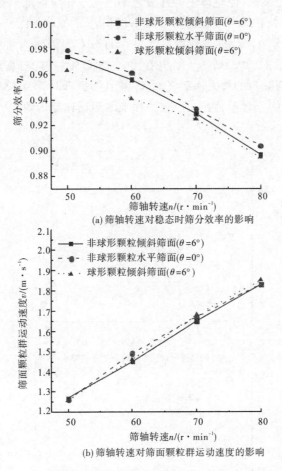

(a) 筛轴转速对稳态时筛分效率的影响

(b) 筛轴转速对筛面颗粒群运动速度的影响

图 4-19 筛轴转速对非球形颗粒在倾斜筛面上的筛分过程影响规律

4.3.3 筛面倾角对非球形颗粒筛分过程的影响

为进一步研究筛面倾角对非球形颗粒筛分过程的影响,本节首先对非球形无黏结颗粒在不同倾角筛面上的筛分过程进行模拟,模拟参数设置为:非球形颗粒,黏附能量密度为 0 J/m³,转速为 60 r/min,筛面倾角分别为 0°,3°,6°,9°。根据各组模拟结果可获得不同筛面倾角下的稳态筛分效率和筛面颗粒群运动速度,其结果见表 4-16。

表 4-16　不同筛面倾角下的非球形无黏结颗粒稳态筛分效率及筛面颗粒群运动速度

筛面倾角/(°)	0	3	6	9
筛分效率/%	95.6	94.7	95.4	94.1
运动速度/(m·s⁻¹)	1.435	1.448	1.452	1.466

　　如图 4-20 所示为筛面倾角对非球形无黏结颗粒的筛分过程影响规律。由图 4-20(a)所示的筛面倾角对稳态时筛分效率的影响可以看出，非球形颗粒的筛分效率随筛面倾角的变化规律与球形颗粒类似，但整体上的筛分效率略高于相应的球形颗粒。其中，当筛面倾角为 6°时，非球形颗粒和球形颗粒的筛分效率仅相差了 0.8 个百分点。当筛面倾角为 9°时，非球形颗粒的筛分效率比球形颗粒高了 2 个百分点。筛面倾角对筛面非球形颗粒群运动速度的影响如图 4-20(b)所示。可以看出，与球形颗粒群类似，筛面非球形颗粒群运动速度同样随着筛面倾角的增大而缓慢增大，并且筛面非球形颗粒群运动速度整体上稍大于球形颗粒群，表明非球形颗粒在滚轴筛面上的运动比球形颗粒更为活跃。

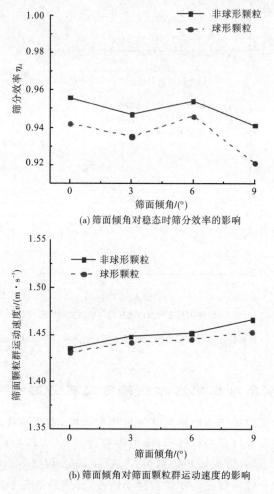

(a) 筛面倾角对稳态时筛分效率的影响

(b) 筛面倾角对筛面颗粒群运动速度的影响

图 4-20　筛面倾角对非球形无黏结颗粒的筛分过程影响规律

对于非球形的黏结颗粒,颗粒间的黏结作用可能影响颗粒在滚轴筛面上的运动和透筛。为研究筛面倾角对黏结颗粒的筛分过程影响规律,开展了不同筛面倾角下的非球形黏结颗粒的筛分过程模拟,模拟参数设置为:非球形颗粒,黏附能量密度为 1.5×10^5 J/m³,转速为 60 r/min,筛面倾角分别为 $0°,3°,6°,9°$。表 4-17 中所列为根据模拟结果所得的不同筛面倾角下的非球形黏结颗粒筛分效率和筛面颗粒群运动速度。

筛面倾角对非球形黏结颗粒的筛分过程影响规律如图 4-21 所示。

表 4-17　不同筛面倾角下的非球形黏结颗粒筛分效率及筛面颗粒群运动速度

筛面倾角/(°)	0	3	6	9
筛分效率/%	91.8	91.1	91.9	89.2
运动速度/(m·s⁻¹)	1.432	1.455	1.465	1.497

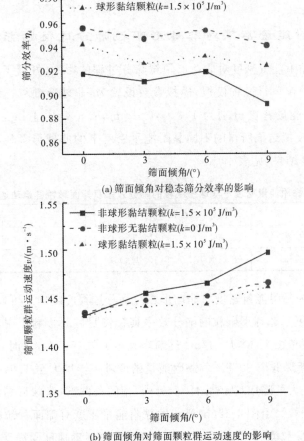

(a) 筛面倾角对稳态筛分效率的影响

(b) 筛面倾角对筛面颗粒群运动速度的影响

图 4-21　筛面倾角对非球形黏结颗粒的筛分过程影响规律

由图 4-21(a)所示的筛面倾角对稳态筛分效率的影响可以看出,非球形黏结颗粒的筛分效率随筛面倾角的变化规律与非球形无黏结颗粒类似,但由于受到颗粒间黏结作用的阻碍,其筛分效率比相应的非球形无黏结颗粒的筛分效率低 4 个百分点左右。另外,非球形黏结颗粒的筛分效率也略低于具有相同黏附能量密度的球形黏结颗粒。如图 4-21(b)所示为筛面倾角对筛面颗粒群运动速度的影响。可以看出,与非球形无黏结颗粒类似,随着筛面倾角的增大,非球形黏结颗粒群运动速度也逐渐增大,其速度值整体上稍高于无黏结颗粒群,并且筛面倾角越小,两者之间的速度差值越小。当筛面倾角为 9°时,非球形黏结颗粒群和无黏结颗粒群速度差为最大的 0.031 m/s。此外,非球形黏结颗粒群运动速度整体上也高于球形黏结颗粒群。

由上述分析可知,筛面倾角对非球形颗粒的筛分过程影响规律整体上与球形颗粒类似,但非球形颗粒的筛分效率和运动速度均稍高于球形颗粒。当筛面倾角为 6°时,非球形颗粒具有较高筛分效率的同时也具有较高的筛面颗粒群运动速度。对于非球形黏结颗粒群,其筛分效率比无黏结颗粒群稍低,但筛面颗粒群运动速度整体稍高于无黏结颗粒群。

4.3.4 黏附能量密度对非球形颗粒筛分过程的影响

为进一步研究黏附能量密度对非球形颗粒筛分过程的影响,开展了不同黏附能量密度条件下的非球形颗粒筛分过程模拟,模拟参数设置为:非球形颗粒、筛面倾角为 6°,转速为 60 r/min,黏附能量密度分别为 $1.3×10^5$ J/m³, $1.5×10^5$ J/m³, $1.7×10^5$ J/m³, $1.9×10^5$ J/m³。由模拟结果所得的不同黏附能量密度下的非球形颗粒稳态筛分效率和筛面颗粒群运动速度结果,见表 4-18。

表 4-18   不同黏附能量密度下非球形颗粒的筛分效率及筛面颗粒群运动速度

黏附能量密度/($×10^5$ J·m^{-3})	1.3	1.5	1.7	1.9
筛分效率/%	92.4	91.8	90.9	88.4
运动速度/(m·s^{-1})	1.456	1.463	1.454	1.463

如图 4-22 所示为黏附能量密度对非球形颗粒筛分过程的影响。可以看出,与球形颗粒不同,黏附能量密度对非球形颗粒的筛分效率具有较明显的影响作用,如图 4-22(a)所示。当黏附能量密度值由 $1.3×10^5$ J/m³ 逐渐增大至 $1.7×10^5$ J/m³ 时,非球形颗粒的筛分效率由 92.4% 逐渐降低至 90.9%。黏附能量密度进一步增大至 $1.9×10^5$ J/m³ 时,筛分效率出现了相对较大的降幅,为 88.4%。另外,相同条件下,非球形黏结颗粒的筛分效率均小于球形黏结颗粒。由图 4-22(b)所示的黏附能量密度对筛面颗粒群运动速度的影响可以看出,与球形颗粒类似,非球形颗粒的筛面颗粒群运动速度同样受黏附能量密度的影响较小,速度值基本稳定在 1.46 m/s 左右,且稍高于球形颗粒。

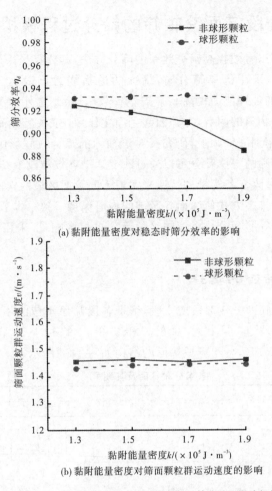

(a) 黏附能量密度对稳态时筛分效率的影响

(b) 黏附能量密度对筛面颗粒群运动速度的影响

图 4-22　黏附能量密度对非球形颗粒的筛分过程影响规律

4.3.5　小　结

　　本节基于 DEM 研究了非球形颗粒的筛分过程,分析了筛轴转速、筛面倾角和黏附能量密度对非球形颗粒的筛分效率和筛面颗粒群运动速度的影响规律。由分析结果可知,筛轴转速对球形和非球形颗粒筛分过程具有类似的影响,非球形颗粒在筛面上的运动更为复杂,并且在筛分过程通过调整方位而更容易实现透筛,因此其效率略高于球形颗粒。与球形颗粒的筛分类似,当筛轴转速为 60 r/min 时,同样可以获得良好的筛分效果。筛面倾角对球形和非球形颗粒的筛分过程同样具有类似的影响,但非球形颗粒的筛分效率和筛面颗粒群运动速度均稍高于球形颗粒。当筛面倾角为 6°时,非球形颗粒具有良好的筛分效果。黏附能量密度对非球形颗粒的筛分效率具有较明显的影响作用,且筛分效率整体低于球形颗粒,但对非球形颗粒的筛面颗粒群运动速度同样没有显著的影响,并且仅略高于球形颗粒。

4.4 分段筛面滚轴筛的筛分过程模拟研究

等厚筛分是一种可以有效提高筛分效率的筛分方法,其特点是采用薄层筛分,沿筛面方向料层等厚或递增。采用等厚筛分时,筛面的透筛能力可以达到理论透筛能力的80%,使筛面单位面积的处理能力提高 2.5 倍左右[195]。除此之外,等厚筛分还能利用物料的快速运动清除潮湿物料的附着,对筛面起到净化作用,有效克服筛面的堵孔现象。因此,本节将等厚筛面应用到滚轴筛上,研究其对滚轴筛的筛分过程影响规律,并与传统直线筛面进行比较。滚轴筛的等厚筛分可以通过改变运动参数和改变结构参数两种方法来实现,改变运动参数通过改变各筛轴的转速来实现不同筛面区域的料厚控制,而改变结构参数则通过改变筛轴的排布方式使筛面各区域的料厚保持一致。本节主要利用改变滚轴筛结构参数的方法分析等厚筛分法对滚轴筛的筛分过程影响,即采用多角度分段筛面来实现滚轴筛的等厚筛分。

4.4.1 分段筛面的选择

本节中将滚轴筛的筛面分成 3 段或 4 段,依据各段筛面倾角的不同将分段筛面设置为 4 组,分别为 0°-3°-6°,3°-6°-9°,0°-2°-4°-6°-8°和 0°-3°-6°-9°-12°。为了便于讨论,将各组分段筛面进行编号(表 4-19),各组分段筛面的结构如图 4-23 所示。

表 4-19　　　　　　　　　　　各组分段筛面及其编号

分段筛面倾角/(°)	0-3-6	3-6-9	0-2-4-6-8	0-3-6-9-12
编号	1	2	3	4

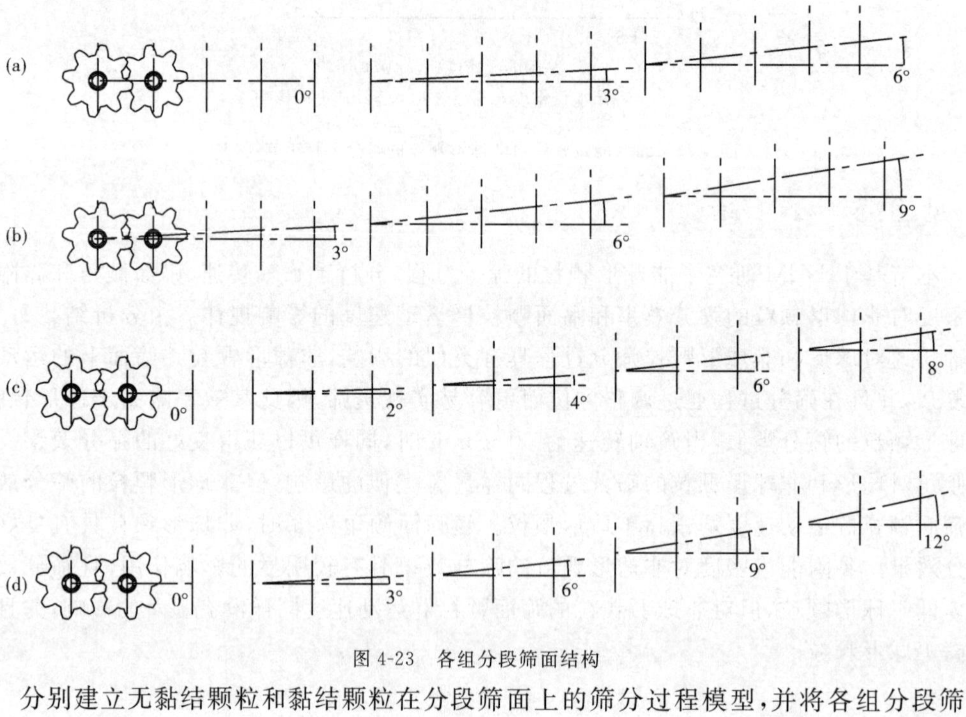

图 4-23　各组分段筛面结构

分别建立无黏结颗粒和黏结颗粒在分段筛面上的筛分过程模型,并将各组分段筛面的模拟结果与相同工作参数下的 $0°,3°,6°$ 和 $9°$ 直线筛面的模拟结果对比,分析分段筛面结构对筛分过程的影响,为合理选择分段筛面结构提供参考。

1. 分段筛面对无黏结颗粒筛分过程的影响

采用无黏结颗粒进行筛分过程模拟,模拟参数设置为:非球形颗粒,黏附能量密度为 $0\ \mathrm{J/m^3}$,转速为 $60\ \mathrm{r/min}$,分段筛面分别为筛面 1、筛面 2、筛面 3 和筛面 4。由各筛分过程模拟结果可获得不同分段筛面结构下无黏结颗粒的稳态筛分效率和筛面颗粒群运动速度,其结果列于表 4-20,各分段筛面结构下无黏结颗粒的筛分效果图 4-24 所示。

表 4-20　不同分段筛面结构下无黏结颗粒的筛分效率和筛面颗粒群运动速度

分段筛面	筛面 1	筛面 2	筛面 3	筛面 4
筛分效率/%	95.1	94.6	94.4	95.5
运动速度/$(\mathrm{m \cdot s^{-1}})$	1.959	1.954	1.960	1.956

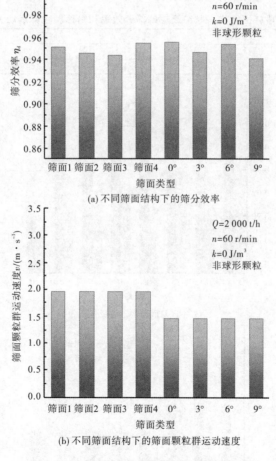

(a) 不同筛面结构下的筛分效率

(b) 不同筛面结构下的筛面颗粒群运动速度

图 4-24　各分段筛面结构下无黏结颗粒的筛分效果

由图 4-24(a)所示的不同筛面结构下的筛分效率结果可以看出,4 组分段筛面的筛分效率整体上相差不大,均为 95% 左右。其中,由于筛面 4 的筛面段数较多,且每段筛面倾角差值较大,因此其料层厚度较其他 3 组分段筛面更为均匀,筛面 4 的筛分效率为最高的

95.5%。此外,与各组直线筛面的滚轴筛筛分效率相比,采用多段筛面的等厚滚轴筛效率并没有显著的提升。如图 4-24(b)所示为不同筛面结构下的筛面颗粒群运动速度。可以看出,各组分段筛面结构下的筛面颗粒群运动速度均在 1.9 m/s 左右,与各组直线筛面的筛面颗粒群速度(1.4 m/s)相比有明显的提升。因此,分段筛面结构能够在保证筛分效率的同时提高筛面颗粒群运动速度,进而提升等厚滚轴筛的处理量。由此可见,4 组多段筛面结构中,采用筛面 4 可获得相对更好的筛分效果。

2. 分段筛面对黏结颗粒筛分过程的影响

为了分析分段筛面对黏结颗粒筛分过程的影响,建立了 4 组黏结颗粒在分段筛面上的筛分过程模型,模拟参数设置为:非球形颗粒,黏附能量密度为 1.5×10^5 J/m³,转速为 60 r/min,分段筛面分别为筛面 1、筛面 2、筛面 3 和筛面 4。由各筛分过程模拟结果可获得不同分段筛面结构下黏结颗粒的稳态筛分效率和筛面颗粒群运动速度,其结果列于表 4-21,各分段筛面结构下黏结颗粒的筛分效果如图 4-25 所示。

表 4-21 不同分段筛面结构下黏结颗粒的筛分效率和筛面颗粒群运动速度

分段筛面	筛面 1	筛面 2	筛面 3	筛面 4
筛分效率/%	90.5	89.7	90.4	90.7
运动速度/(m·s⁻¹)	1.919	1.904	1.916	1.910

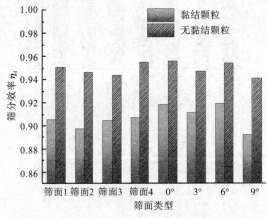

(a) 不同筛面结构下的筛分效率

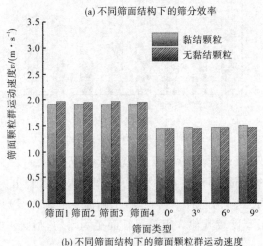

(b) 不同筛面结构下的筛面颗粒群运动速度

图 4-25 各分段筛面结构下黏结颗粒的筛分效果

由图 4-25(a)所示的不同筛面结构下黏结颗粒的筛分效率结果可以看出,4 组分段筛面结构下的黏结颗粒筛分效率无明显差别,均为 90% 左右。与无黏结颗粒的筛分效率相比,各组筛面结构下的筛分效率均有较明显的降低,降低量约为 5 个百分点。此外,与直线筛面上的黏结颗粒相比,分段筛面的筛分效率并没有提升,反而比筛面倾角小于 6° 的直线筛面的筛分效率低。表明,采用分段筛面结构时,颗粒的黏结仍然会对滚轴筛的筛分造成一定的阻塞作用。图 4-25(b)所示为不同筛面结构下的筛面颗粒群运动速度。可以看出,各组分段筛面结构上的黏结颗粒群运动速度无明显差别,速度值均在 1.9 m/s 以上。与无黏结颗粒群的速度相比,黏结颗粒群速度仅出现了约 0.04 m/s 的降低。但与直线筛面上的黏结颗粒群运动速度相比,分段筛面上的黏结颗粒群运动速度仍然有明显的提升,两者相差了约 0.5 m/s。由此可见,与直线筛面相比,分段筛面结构对黏结颗粒的筛分效率并无明显提升,但筛面颗粒群运动速度得到了较明显的提高。4 组分段筛面结构中,采用筛面 4 时黏结颗粒同样可获得相对较好的筛分效果。

4.4.2 转速对分段筛面筛分过程的影响

为进一步研究筛轴转速对分段筛面筛分过程的影响,采用上节中的筛面 4 分段筛面结构,分别建立不同转速条件下的(非)球形(无)黏结颗粒的筛分过程模型。其中,黏结颗粒的黏附能量密度为 1.5×10^5 J/m³,转速分别为 50 r/min,60 r/min,70 r/min 和 80 r/min,各组模拟所采用的模拟参数见表 4-22。表 4-23 和表 4-24 分别为各组模拟结果所得的不同筛轴转速下的筛分过程稳态筛分效率和筛面颗粒群运动速度。筛轴转速对各组筛分过程的影响如图 4-26 所示。

表 4-22　　　　　　　　分段筛面筛分过程的 4 组模拟参数表

模拟组号	1	2	3	4
颗粒形状	球形颗粒	球形颗粒	非球形颗粒	非球形颗粒
黏附能量密度/($\times 10^5$ J·m⁻³)	0	1.5	0	1.5
转速/(r·min⁻¹)	50/60/70/80	50/60/70/80	50/60/70/80	50/60/70/80

表 4-23　　　　　　不同转速下各组筛分过程的稳态筛分效率

转速/(r·min⁻¹)	各筛分系统稳态时的筛分效率/%			
	1	2	3	4
50	95.3	88.0	96.5	91.1
60	93.6	86.5	94.6	90.7
70	91.0	83.8	91.6	87.3
80	88.2	81.4	88.9	83.9

表 4-24　　　　不同转速下各组筛分过程的筛面颗粒群运动速度

转速/(r·min⁻¹)	各筛分系统稳态时的筛面颗粒群运动速度/(m·s⁻¹)			
	1	2	3	4
50	1.85	1.75	1.88	1.81
60	1.93	1.87	1.95	1.91
70	1.99	1.96	2.01	1.98
80	2.04	2.04	2.06	2.06

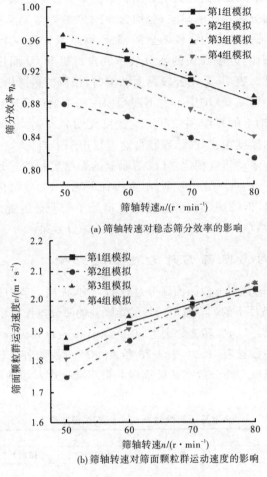

(a) 筛轴转速对稳态筛分效率的影响

(b) 筛轴转速对筛面颗粒群运动速度的影响

图 4-26　筛轴转速对各组筛分过程的影响

图 4-26(a)所示为转速对各组筛分过程稳态筛分效率的影响。可以看出，筛轴转速对各组的筛分效率具有较明显的影响作用，各组筛分效率整体上均随着转速的增大而逐渐减小。对于球形颗粒，转速相同时，无黏结颗粒的筛分效率均高于黏结颗粒，并且差值在 7 个百分点。对于非球形颗粒，相同转速下的无黏结颗粒筛分效率均高于黏结颗粒，但两者之间的差值较小，约为 5 个百分点左右。此外，相同模拟条件下的非球形无黏结颗粒的筛分效率比球形无黏结颗粒高了 1 个百分点左右，而非球形黏结颗粒的筛分效率比非球形黏结颗粒高了 3 个百分点左右。

如图 4-26(b)所示为转速对筛面颗粒群运动速度的影响。可以看出，各组筛分过程中筛面颗粒群运动速度均随着转速的增大而逐步增大。对于球形颗粒，筛轴转速相同时，无黏结时的运动速度整体上比黏结颗粒快，并且两者之间的速度差值随着转速的提高而减小。非球形颗粒具有类似的变化规律，并且相同条件下的非球形颗粒运动速度比球形颗粒稍快。此外，当转速从 50 r/min 增大到 60 r/min 时，各组筛分过程的筛分效率降幅相对较小，同时，筛面颗粒群速度的增幅相对较大。因此，在筛面 4 的分段筛面上，筛轴转速为 60 r/min 时,各类颗粒物料均能获得较高的筛分效率和筛面颗粒群运动速度,从而获得良好的筛分效果。

4.4.3　黏附能量密度对分段筛面筛分过程的影响

为讨论黏附能量密度对采用分段筛面结构时的筛分过程影响规律,仍然采用前述的筛面 4 分段筛面结构,分别建立不同黏附能量密度条件下的球形和非球形黏结颗粒的筛分过程模型。其中,筛轴转速为 60 r/min,黏结颗粒的黏附能量密度分别为 1.3×10^5 J/m^3, 1.5×10^5 J/m^3, 1.7×10^5 J/m^3 和 1.9×10^5 J/m^3,各组模拟所采用的模拟参数见表 4-25。表 4-26 和表 4-27 分别列出了各组模拟结果所得的黏附能量密度下的筛分过程稳态筛分效率和筛面颗粒群运动速度。

表 4-25　　　　　分段筛面筛分系统两组模拟参数表

模拟组号	5	6
颗粒形状	球形颗粒	非球形颗粒
转速/(r·min^{-1})	60	60
黏附能量密度/($\times 10^5$ J·m^{-3})	1.3/1.5/1.7/1.9	1.3/1.5/1.7/1.9

表 4-26　　　　不同黏附能量密度下各组筛分过程的筛分效率

黏附能量密度/($\times 10^5$ J·m^{-3})	各筛分系统稳态时的筛分效率/%	
	5	6
1.3	88.5	91.6
1.5	86.6	90.7
1.7	84.5	88.5
1.9	82.9	86.8

表 4-27　不同黏附能量密度下各组筛分过程的筛面颗粒群运动速度

黏附能量密度/($\times 10^5$ J·m^{-3})	各筛分系统稳态时的筛面颗粒群运动速度/(m·s^{-1})	
	5	6
1.3	1.879	1.916
1.5	1.881	1.914
1.7	1.868	1.895
1.9	1.843	1.898

如图 4-27 所示为黏附能量密度对黏结颗粒筛分过程的影响规律。其中,图 4-27(a) 所示为黏附能量密度对颗粒问题筛分效率的影响。可以看出,随着黏附能量密度的增大,各组模拟的筛分效率值均逐渐减小。对于球形颗粒,当黏附能量密度为 1.3×10^5 J/m^3 时,其筛分效率为 88.5%,随后则逐渐减小。对于非球形颗粒,随着黏附能量密度的增大,其筛分效率由 91.6% 逐渐减小至 86.8%。此外,非球形颗粒的筛分效率均比相应的球形颗粒高了大约 4 个百分点。图 4-27(b) 所示为黏附能量密度对筛面颗粒群运动速度的影响规律。可以看出,随着黏附能量密度的增大,两组筛分过程模拟的筛面颗粒群速度值均未出现显著的变化。其中,非球形颗粒的运动速度值约为 1.91 m/s,而球形颗粒的运动速度约为 1.88 m/s,两种颗粒的运动速度相差 0.03 m/s 左右。

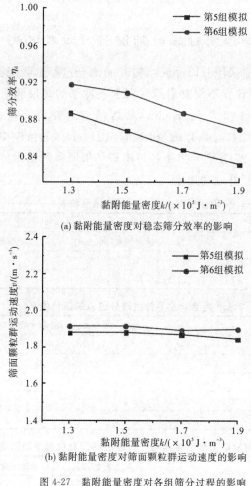

(a) 黏附能量密度对稳态筛分效率的影响

(b) 黏附能量密度对筛面颗粒群运动速度的影响

图 4-27　黏附能量密度对各组筛分过程的影响

4.4.4　小　结

本节利用分段筛面实现了滚轴筛的等厚筛分,研究了颗粒形状、筛轴转速和黏附能量密度对分段式筛面滚轴筛的筛分过程影响规律,并与相应的直线筛面滚轴筛进行了比较,得到的结论有:最优的分段筛面结构为 0°-3°-6°-9°-12°筛面,筛轴转速为 60 r/min 时可获得良好的筛分效果,黏附能量对分段筛面上颗粒的筛分效率有较明显的影响作用,而对筛面颗粒群运动速度无明显的影响,并且非球形颗粒的筛分效率和筛面颗粒群运动速度均比相应的球形颗粒稍高。

4.5　筛轴盘片的磨损分析及其结构优化

筛轴盘片是滚轴筛的重要零件,滚轴筛的筛分过程是通过筛轴上均匀分布的盘片拨动物料来完成的,筛轴盘片不断与物料接触和摩擦,难免会发生磨损现象。磨损可以分为四种类型,分别是磨粒磨损、黏着磨损、疲劳磨损和腐蚀磨损[196]。其中,磨粒磨损是最常见的一种磨损行为,是由于摩擦表面的硬质突出物或从外部进入摩擦表面的硬质颗粒对摩擦表面造成的切削或刮擦作用导致的,常常伴随有表层材料的脱落现象。根据筛分过程中筛轴盘片与物料颗粒间之间磨损特征可知,其磨损行为主要是磨粒磨损。

磨损不仅消耗零件材料,还直接影响到机械设备的寿命、可靠性和工作效率。因此,如何减轻或避免磨损是机械领域中的一个重要课题。为保证滚轴筛的可靠性和筛分效率,本节拟利用 EDEM 软件实现对不同盘片结构的磨损分析,通过筛轴盘片磨损行为的数值模拟研究,实现筛轴盘片的结构优化。

4.5.1 筛轴盘片磨损分析数值模型

采用 EDEM 的两个磨损接触模型——Hertz-Mindlin with Archard Wear 模型和 Relative Wear 接触模型,建立筛轴盘片的磨损数值模型,分析筛轴盘片与颗粒物料之间的接触磨损作用。

1. Hertz-Mindlin with Archard Wear 模型

Hertz-Mindlin with Archard Wear 模型是基于 J. F. Archard 磨损理论[197]的一种以标准 Hertz-Mindlin (no slip)模型为基础的扩展模型。该模型可以计算出零件的几何表面磨损深度值,通过对磨损深度的分析可以得到零件不同区域或不同零件的磨损差异。其中,去除材料的体积可以由 Archard 等式表示为

$$Q_1 = W F_n d_t \tag{4-12}$$

式中 F_n——接触点的法向作用力,N;

d_t——切向移动距离,mm;

W——磨损系数,可以表示为

$$W = \frac{K}{H} \tag{4-13}$$

式中 K——无量纲常数;

H——接触材料的表面硬度,Pa。

在选定了颗粒接触模型后,将其添加到 EDEM 的 Model 栏中。由于该模型与 Hertz-Mindlin (no slip)模型冲突,需要将其删除。随后设置 Hertz-Mindlin with Archard Wear 模型的磨损系数值为 1×10^{-7}。

2. Relative Wear 接触模型

Relative Wear 接触模型是比较零件之间及不同零件区域之间磨损程度的重要模型。该模型能识别零件与物料接触位置的磨粒磨损行为,并通过计算显示出零件最容易产生磨损的部位。通过法向累积接触能量和切向累积接触能量可以直观地展示出所分析零件的磨损情况,通过法向累积接触力和切向累积接触力可以揭示所分析零件的磨损机理。其中,法向累积接触能量、切向累积接触能量、法向累积接触力和切向累积接触力可以分别表示为

$$E_{n} = \sum |F_{n}v_{n}\delta| \tag{4-14}$$

$$E_{t} = \sum |F_{t}v_{t}\delta| \tag{4-15}$$

$$F_{nc} = \sum |F_{n}| \tag{4-16}$$

$$F_{tc} = \sum |F_{t}| \tag{4-17}$$

式中　v_{n}——法向相对速度，m/s；

$\quad\quad v_{t}$——切向相对速度，m/s；

$\quad\quad F_{n}$——法向力，N；

$\quad\quad F_{t}$——切向力，N；

$\quad\quad \delta$——时间步长，s。

在 EDEM 模型设置中勾选 Record Relative Wear 以记录零件各区域的相对磨损量。

4.5.2　筛轴盘片的磨损分析

为讨论不同筛轴盘片结构的磨损情况，除了渐开线形盘片外，利用 Creo 建立了梅花形和三角形盘片模型，并采用 Hypermesh 软件对盘片各部分网格进行精密划分，以提高模拟结果的精确性和展示效果。网格大小设置为 2 mm，细化后各筛轴盘片的网格模型如图 4-28 所示。

建立具有不同筛轴盘片结构的筛分过程数值模型，开展筛分过程及盘片磨损过程模拟。其中，颗粒形状为非球形颗粒，筛轴转速为 60 r/min，筛面倾角为 6°，颗粒的黏附能量密度为 1.5×10^{5} J/m³，其他模拟参数按表 4-1 进行设置。

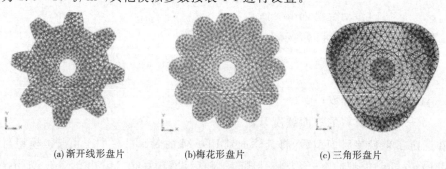

(a)渐开线形盘片　　　　(b)梅花形盘片　　　　(c)三角形盘片

图 4-28　各筛轴盘片的网格模型

如图 4-29 为筛分过程完成时（$t = 25$ s）排料端处的渐开线形筛轴盘片的累积接触能量云图，展示了筛轴各处的磨损分布。可以看出，筛轴盘片磨损最为严重的部位位于盘片渐开线齿的顶部，这是由于盘片对颗粒的拨动作用大部分是由渐开线齿的顶部来完成的。

图 4-30 为排料端处的渐开线形筛轴盘片的磨损深度云图。可以看出，靠近渐开线齿顶部的部位其磨损深度值最大，盘片的磨损深度分布规律与累积接触能量的分布规律一致，表明利用 Relative Wear 模型来确定盘片的磨损部位具有良好的准确性。

为了进一步分析筛轴盘片在筛分过程中的磨损情况，在上述渐开线形盘片滚轴上选

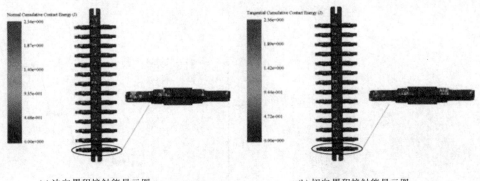

(a) 法向累积接触能量云图　　　　　　　　(b) 切向累积接触能量云图

图 4-29　渐开线形筛轴盘片的累积接触能量云图

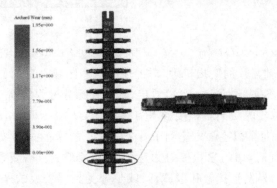

图 4-30　渐开线形盘片筛轴的磨损深度云图

取一块盘片,并在盘片的渐开线齿上取顶部、中部、底部的一小块区域作为计算分析区域,依次编号为 1,2,3,如图 4-31 所示。

如图 4-32 所示为筛分过程中盘片上三个选定区域内的平均磨损深度的变化规律。可以看出,筛分过程的前 5 s 内,由于筛面物料颗粒还未运动至排料端筛轴处,因此,区域 1 的平均磨损深度为 0 mm。当 $t=6$ s 时,部分颗粒与盘片区域 1 发生接触。此时,区域 1 内产生轻微磨损,平均磨损值约为 0.04 mm。当 $t=11$ s 时,更多颗粒物料到达排料端,盘片区域 1 的平均磨损深度陡增至 0.73 mm,并在之后的 4 s 内基本保持不变。随着筛分过程的进行,更多的大颗粒物料运动至排料端,筛轴盘片的区域 1 与大颗粒间之间发生更多的碰撞接触。因此,在 $t=15$ s 时,平均磨损值再次增大,达到了约 0.99 mm。当 $t=20$ s 和 $t=23$ s 时,区域 1 的平均磨损深度分别增大到约 1.35 mm 和 1.95 mm。盘片区域 2 的平均磨损深度的变化规律与区域 1 类似,但其磨损深度数值出现了大幅度降低。当 $t=10$ s 时,区域 2 才出现了平均值为 0.08 mm 的磨损深度。当 $t=20$ s 时,平均磨损深度值增大到约 0.21 mm。盘片区域 3 的平均磨损深度在整个筛分过程模拟中的值均非常小,均值仅有约 0.003 8 mm,即盘片渐开线齿的底部基本不与颗粒物料发生接触。由此可见,盘片齿的 3 个区域中,主要的磨损发生在渐开线齿的顶部区域,中部区域仅有少量的磨损,而底部区域无明显的磨损。该结论与图 4-29 中所示的盘片法向和切向累积接触能量的分布规律一致。

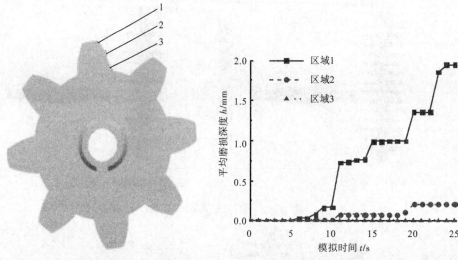

图 4-31 渐开线形盘片计算区域分布　　　图 4-32 盘片各区域内的平均磨损深度变化规律

为进一步探究筛轴盘片的磨损机理,对上述的盘片区域 1 进行了应力分析,所得的累积接触力变化规律如图 4-33 所示。可以看出,由于在筛分过程的前 5 s 内,颗粒物料还未达到排料端,因此区域 1 的切向累积接触力为 0 N。从 $t=8\ \mathrm{s}$ 开始,部分颗粒与盘片区域 1 发生接触,此时的切向累积接触力达到了 5 257 N。之后,区域 1 处的切向累积接触力逐渐增大。当 $t=14\ \mathrm{s}$ 时,切向累积接触力达到了 11 107 N。需要注意的是,当 $t=15\ \mathrm{s}$ 时,盘片与较多颗粒物料发生接触和碰撞,区域 1 处受到了较大的摩擦力作用,切向累积接触力陡增至 81 176 N。随着筛分过程的进行,盘片区域 1 处的累积切向接触力缓慢增大,最终达到 87 223 N。相对于切向累积接触力,盘片区域 1 处的法向累积接触力整体上显著较小。类似地,在 $t=8\ \mathrm{s}$ 时,区域 1 处才产生法向累积接触力,其值仅为 84 N。之后,法向累积接触力缓慢增大。当时 $t=15\ \mathrm{s}$ 时,法向累积接触力增大至 2 173 N,并最终缓慢增大至 2 531 N,远远低于切向累积接触力。由此可见,筛轴盘片滚齿顶部的磨损主要来源于颗粒物料的摩擦力作用,而法向正压力的作用基本可以忽略。

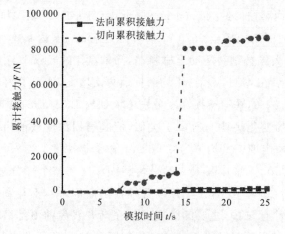

图 4-33 盘片区域 1 的累积接触力变化规律

如图 4-34 所示为梅花形和三角形盘片的磨损深度云图,其中的盘片仍然选取排料端筛轴上的一块盘片。可以看出，梅花形和三角形盘片各处的磨损深度云图整体上与渐开线形盘片类似，磨损最严重的部位同样主要集中在盘片齿的顶部区域。为了比较三种形状盘片的磨损情况，分别对梅花形和三角形盘片齿的顶部、中部和底部区域进行标记，如图 4-35 所示。其中，区域 4 和区域 7 分别为梅花形和三角形盘片齿的顶部区域。

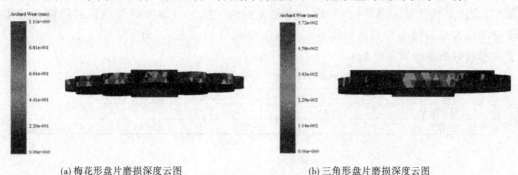

(a) 梅花形盘片磨损深度云图　　　　　(b) 三角形盘片磨损深度云图

图 4-34　梅花形和三角形盘片的磨损深度云图

　3 种类型盘片齿顶区域的平均磨损深度变化规律如图 4-36 所示。可以看出，筛分过程中渐开线形盘片齿顶部（区域 1）的平均磨损深度整体上高于梅花形盘片齿的顶部（区域 4）。而三角形盘片齿的顶部（区域 7）的平均磨损深度非常小，最大平均磨损深度只有约 0.057 mm。对于梅花形盘片，在筛分过程的前 10 s 内，其区域 4 的平均磨损深度值高于渐开线形盘片，但之后的平均磨损深度值均低于渐开线盘片，其最大的平均磨损深度值为 1.10 mm 左右。表明筛轴盘片结构不同时，筛分过程盘片与颗粒物料之间的接触碰撞形式不同，盘片的摩擦磨损状态也有所不同。

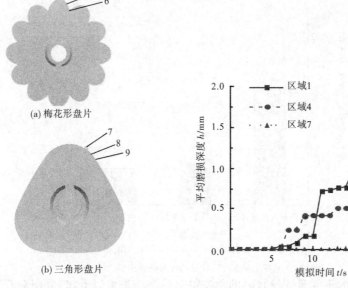

(a) 梅花形盘片

(b) 三角形盘片

图 4-35　梅花形和三角形盘片的计算区域分布　　　图 4-36　三种筛轴盘片齿顶部的平均磨损深度变化规律

4.5.3 盘片形状对筛分过程的影响

为了研究筛轴盘片形状对筛分过程的影响,建立了不同盘片形状的筛分过程数值模型,各模拟参数设置为:非球形颗粒、黏附能量密度 1.5×10^5 J/m³,转速 60 r/min,筛面倾角 6°,盘片形状分别为渐开线形、梅花形和三角形。由各组模拟结果获得的不同盘片形状时的稳态筛分效率和筛面颗粒群运动速度结果见表 4-28。如图 4-37 所示为采用不同盘片形状时的筛分效果比较。

表 4-28　　不同盘片形状时的稳态筛分效率和筛面颗粒群运动速度

盘片形状	渐开线形	梅花形	三角形
筛分效率/%	95.1	92.1	90.7
运动速度/(m·s⁻¹)	1.66	1.41	1.26

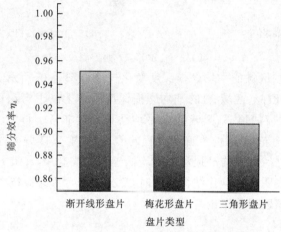

(a) 不同盘片形状时的稳态筛分效率

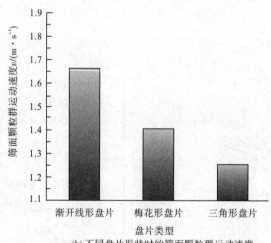

(b) 不同盘片形状时的筛面颗粒群运动速度

图 4-37　采用不同盘片形状时的筛分效果比较

由图 4-37(a)所示的不同盘片形状时的稳态筛分效率结果可以看出,采用渐开线形盘片时滚轴筛的筛分效率最高,达到了 95.1%。采用梅花形时的筛分效率次之,效率值为 92.1%。而采用三角形盘片时的筛分效率最低,效率为 90.7%。表明筛轴的盘片形状对滚轴筛的筛分效率具有一定的影响作用,合理选择盘片形状有利于提升筛分效率。3 种不同形状的盘片结构中,由渐开线形盘片组成的筛轴能够获得较合理的筛孔结构,有利于颗粒物料的分层和透筛,从而获得较高的筛分效率。

图 4-37(b)所示为不同盘片形状时的筛面颗粒群运动速度。可以看出,采用渐开线形盘片时,筛面上颗粒物料更容易受到盘片的推动作用而获得较大的运动速度,其筛面颗粒群运动速度为最大的 1.66 m/s。采用梅花形和三角形盘片时,筛面颗粒群运动速度分别为 1.41 m/s 和 1.26 m/s。表明这两种形式的盘片对筛面颗粒物料的推动作用较弱,不利于物料的运输和处理量的提高。因此,采用渐开线形盘片时,能够获得更好的筛分效果。

4.5.4　小　结

本节基于 Hertz-Mindlin with Archard Wear 模型和 Relative Wear 模型,研究了筛轴盘片各处的累积接触能量和磨损深度,获得了盘片各处的磨损分布规律,确定了滚齿顶端为盘片磨损最严重的部位。比较了滚齿顶端切向累积接触力和法向累积接触力的大小,确定了滚齿顶端的磨损主要来源于切向接触力。分析了盘片形状为渐开线形、梅花形和三角形时各盘片滚轴筛的筛分效率、筛面颗粒群运动速度和滚齿顶端的磨损深度,确定了最优盘片结构为渐开线形。

4.6　本章小结

本章基于离散元法对滚轴筛的筛分过程进行了数值模拟研究。首先,开展了直线筛面滚轴筛筛分过程的 DEM 模拟研究,分析了筛轴转速、筛面倾角和颗粒的黏附能量密度对球形颗粒和非球形颗粒筛分过程的影响规律。其次,探究了分段筛面对滚轴筛筛分过程的影响规律。最后,比较了 3 种不同盘片结构滚轴筛的筛分效率、筛面颗粒群运动速度和滚齿顶端的磨损深度。主要结论如下:

(1)筛轴转速对筛分效率的影响略大于筛面倾角,而筛轴转速和筛面倾角对筛分速度的影响均不明显。当筛轴转速为 60 r/min,筛面倾角为 6°时,筛分效果最佳。黏附能量密度对球形颗粒的筛分效率和筛分速度以及非球形颗粒的筛分速度影响很小,但黏附能量密度增大时非球形颗粒的筛分效率会略微降低。

(2)当采用筛面倾角为 0°-3°-6°-9°-12°的五段式筛面,筛轴转速为 60 r/min 时,筛分效果最佳;黏附能量对分段筛面上颗粒的筛分效率有较明显的影响作用,而对筛面颗粒群运动速度无明显的影响,并且非球形颗粒的筛分效率和筛面颗粒群运动速度均比相应的球形颗粒稍高。

(3)盘片齿顶部区域的磨损程度要大于其他各处,且其切向接触力远远大于法向接触力,磨损主要来源于切向接触力。当采用渐开线形盘片时,筛分效果最佳,且齿顶部区域的最大磨损深度约为 1.94 mm。

第5章

齿辊破碎机的离散元法模拟优化设计

5.1 破碎过程离散元法模拟的试验验证

研究破碎过程的目的是分析物料在破碎设备中的行为以及破碎产品的质量,为新型破碎设备的研制提供理论指导。本节的主要研究内容有:首先,利用自制试验设备和煤炭物料对不同破碎条件下的破碎情况进行试验;其次,建立破碎物料的离散元模型,并对其进行受压试验;最后,对比物理试验和数值模拟的结果,验证数值模拟的可靠性。

5.1.1 破碎齿辊类型

目前,齿辊式破碎机已经被广泛地应用于工业生产过程中,但是对其破碎过程的研究并不充分。为此,本节分析了破碎齿辊的形式,为设计用于破碎试验的模型机提供依据。

破碎齿环在破碎齿辊轴上合理的安装形式可以有效地避免破碎作业中的"跑粗"现象以及过度破碎现象,降低能耗,延长破碎设备寿命等。经过多年的研究与发展,目前,破碎齿环的排布形式主要有以下几种:平行排布式破碎齿辊、差齿排布式破碎齿辊和螺旋排布式破碎齿辊[18,21,124]。

平行排布形式破碎齿辊的结构如图 5-1 所示。齿辊轴上所有的齿环安装角度一致,该形式的齿辊可以有效地避免物料发生再次破碎,但是这种形式不便于安装和拆卸,在同样的运行工况下,这种排布形式的破碎齿在单位时间内与物料接触的次数多,破碎齿齿尖以及侧面磨损较为严重。另外,在遇到粒级较大的破碎物料时,同时参与破碎作业的破碎齿数量较多,齿辊轴的受力比较均匀,使用寿命较长,但破碎能力有所降低。

差齿排布形式破碎齿辊的结构如图 5-2 所示。相邻两齿环相互错开一定角度,该齿辊形式在理论上可以避免破碎作业中的"跑粗"现象。当破碎齿辊转速适当时,两个齿辊间没有排出的粒径较大的物料就会被后面参与破碎作业的破碎齿再次破碎,因此可以避免"跑粗"现象的出现。但实际破碎过程往往比较复杂,物料在破碎过程中受齿辊转速、物

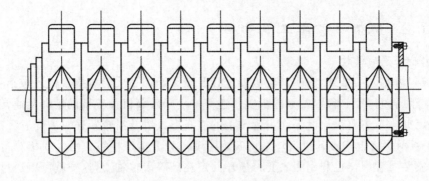

图 5-1　平行排布式破碎齿辊

料的物化性质等很多因素的影响,有些粒径较大的物料不能及时地被后续参与破碎作业的破碎齿粉碎,便进入两破碎齿辊间的较大空隙,导致粒径较大的颗粒直接从两破碎齿辊间的空隙排出,从而出现"跑粗"现象。此外,在破碎过程中,同时参与破碎作业的破碎齿个数不恒定,因此破碎齿辊轴承受的载荷不均匀,失效情况比较复杂。

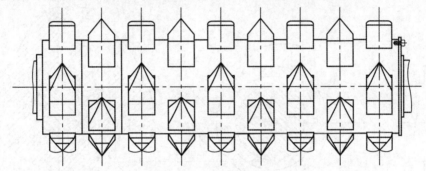

图 5-2　差齿排布式破碎齿辊

　　螺旋排布形式破碎齿辊的结构如图 5-3 所示。齿辊轴上齿环呈一定角度相继错开呈螺旋排列,该形式的齿辊在破碎过程中,如果遇到粒径较大的物料,破碎齿总是依次与物料接触并参与破碎作业,这种排布形式可以将破碎过程中的能量集中在参与破碎作业的破碎齿上,物料在作业中被多次破碎,与差齿型破碎齿辊类似,在一定程度避免了作业中的"跑粗"现象,提高了破碎作业的效率。但是,由于该排布形式的破碎齿环在破碎齿辊轴上呈螺旋式分布,破碎过程中通过破碎齿环传递到破碎齿辊轴上的作用力在轴向上呈不均匀分布,因此导致齿辊在破碎过程中的失效行为比较复杂。

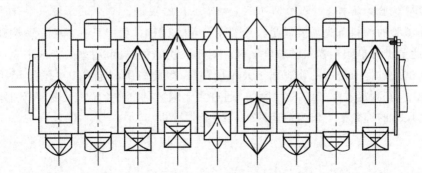

图 5-3　螺旋排布式破碎齿辊

5.1.2 破碎试验装置及物料

1.试验装置的结构

除破碎齿辊的类型外,影响齿辊破碎过程及破碎产物品质的重要参数还包括:破碎齿辊的轴间距(排料口距离)以及破碎齿辊转速等。由于破碎机齿辊轴的轴间距通常是不能改变的,因此本节主要讨论齿环在齿辊轴上的排布形式以及齿辊转速对破碎过程的影响。如图5-4所示为齿辊式破碎机齿环结构安装原理。为了实现相邻的两齿环相对角度的连读调整,安装过程中往往利用胀紧套将齿环固定在破碎齿辊轴上,这样就可以通过调整胀紧套的转角实现齿环角度的调整。但是,由于自制的破碎试验装置受到结构和尺寸的限制,使用胀紧套安装难度较大,因此选择在破碎齿辊轴上开槽,来限定破碎齿环的安装位置,从而实现破碎齿环在齿辊轴上安装角度的变化,其结构原理如图5-5所示。当齿环上的凸起装入角度不同的卡槽时,可以实现调整破碎齿环在齿辊轴上的角度。

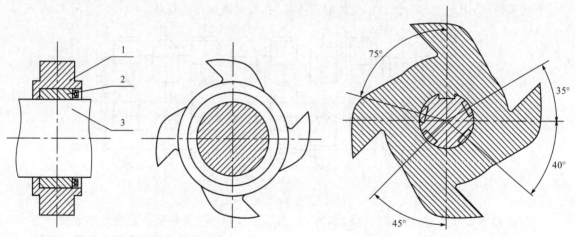

图 5-4 齿环结构安装原理

1—齿环;2—胀紧套;3—破碎齿辊轴

图 5-5 模型机齿环安装原理

如图5-6所示为自制的齿辊式破碎机试验装置。该试验模型机的主要结构由减速电动机、联轴器、传动齿轮、破碎齿环、料斗、挡板等组成。在进行破碎试验时,为了方便移动试验台的位置,在框架底部安装了4个万向轮。此外,为了便于观察2个齿辊的转动以及破碎物料的破碎及运动情况,模型机的前挡板采用透明的钢化玻璃。

2.破碎试验的物料

破碎试验的物料首先需要满足粒度要求。由于试验过程中只进行单一颗粒破碎过程研究,因此要进行单颗粒物料的粒度测试。对于大块的颗粒,可用单一指标来表示颗粒的粒度。在试验过程中使用的物料属于大粒径颗粒,因此采用测定颗粒的三维尺寸来测定颗粒的粒度,其测定过程如图5-7所示。通过测定颗粒的高度(H)、长度(L)和厚度(D)计算3个尺寸的算数平均值来测定颗粒的高度[124],即

$$W_a = \frac{H+L+D}{3} \tag{5-1}$$

式中 W_a——物料的平均直径,mm,取高度、长度和厚度的算数平均值;

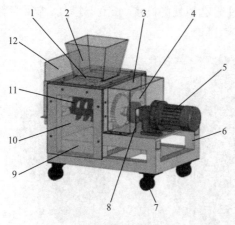

(a) 模型机三维模型　　　　　　　　　　　　(b) 模型机实物

图 5-6　齿辊式破碎机试验装置

1—物料隔板；2—料斗；3—齿轮保护罩；4—传动齿轮；5—减速电动机；6—机架；7—万向轮；
8—联轴器；9—接料盒；10—侧挡板；11—破碎齿环；12—前挡板

H——物料的高度的最大值，mm；

L——物料长度的最大值，mm；

D——物料厚度的最大值，mm。

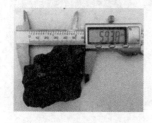

图 5-7　颗粒粒径的测定

　　本节中选用煤炭物料进行破碎试验。考虑到破碎机模型的破碎比和入料尺寸的限制，选取待破碎物料的粒径在 120～150 mm。为了减小由物料形状而引起的破碎结果的误差，在选择破碎试验的物料时，尽量保证物料的外形和尺寸都比较接近，如图 5-8 所示。

图 5-8　破碎试验的物料

　　经过破碎的煤炭（以平行排布式破碎齿辊转速为 50 r/min 时的产物为例）如图 5-9

所示,其颗粒的粒度测定方式如上述一样,通过测定颗粒的高度、长度和厚度,求得算数平均值,所得具体的粒径分布情况将在后续内容中讨论。

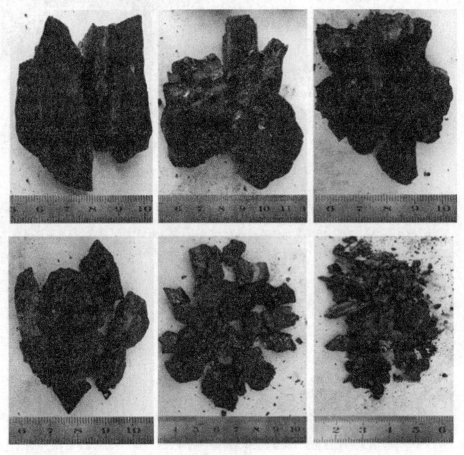

图 5-9　破碎产物

5.1.3　破碎物料模型的构建

目前,破碎过程的离散元模拟方法主要有两种。一种是根据破碎物料的物理性质、破碎时的力学参数、设备的运动参数,提前设置好各个参数,在物料落入破碎腔参与破碎作业时,用小颗粒替换原来的大颗粒。这种方法可以直观地描述破碎过程中物料粒径变化情况,但不能有效地模拟物料的破碎行为,以及物料与设备之间的相互影响。另外一种方法相对复杂,需要在物料参与破碎之前使用 Bonding 键将小颗粒黏结成大颗粒。当破碎物料进入破碎腔并参与破碎时,在破碎设备的作用下,DEM 破碎模型中的 Bonding 键断裂,大颗粒破碎成小颗粒。这种模拟方法更能真实地反映破碎过程,因此在本章中对破碎过程进行的离散元模拟均采用此方法,具体的破碎物料模型构建如下:

1. 不同 Bonding 模型的对比分析

待破碎的矿石材料中通常包含多种矿物质以及多种晶界结构,这些物质成分以及各自的晶界结构往往使矿石具有不同的力学特性,并且受到矿石成分的结构、比例、大小以及矿石中存在的裂隙等情况影响。为更真实地模拟矿石,研究人员曾提出了三种 Bond-ing 模型[27],分别为单一尺寸颗粒黏结模型、高斯分布颗粒黏结模型以及双正态分布颗粒黏结模型,三种模型的颗粒间接触情况如图 5-10 所示。

 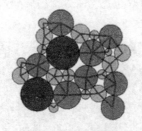 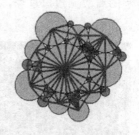

(a) 单一尺寸颗粒黏结模型 (b) 高斯分布颗粒黏结模型 (c) 双正态分布颗粒黏结模型

图 5-10 不同分布类型的 Bonding 模型颗粒间接触情况

由图 5-10(a)可以看出,采用单一尺寸颗粒黏结而成的破碎物料模型中 Bonding 键的结构和大小是单一的,无法准确地反映出矿石中多种物质及其多种晶界结构,不能准确描述不同成分对矿石力学性质带来的影响。采用该模型进行破碎过程模拟时,只能表象地反映破碎过程,无法真实地模拟破碎过程中不同物质的解离和受力情况。采用高斯分布颗粒黏结而成的破碎物料模型结构如图 5-10(b)所示。其中,Bonding 键结构不再单一,不同粒径的小颗粒可以代表矿石中的不同成分。相较于单一尺寸颗粒黏结模型,采用高斯分布颗粒黏结模型更接近于矿石的结构。但是,从其结构可以看出,采用高斯分布颗粒黏结模型中颗粒间缝隙较大,质地松散,与真实的矿石实体结构有明显的差异。为了进一步完善 DEM 破碎模型,研究人员提出了如图 5-10(c)所示的双正态分布颗粒黏结模型。与高斯分布颗粒黏结模型相似,其中不同粒径的颗粒表示矿石中的不同物质成分,但该模型中颗粒的粒径范围更广,这种结构既改变了单一尺寸颗粒黏结模型 Bonding 键单一的情况,也改善了高斯分布中由于颗粒粒径范围小而导致的颗粒黏结模型中缝隙大、质地松散的缺陷,更加接近真实的实体结构矿石材料。

为了验证和比较上述三种模型用于模拟真实矿石破碎行为时的真实性和有效性,分别对基于三种模型的破碎物料进行了竖直方向压力测试。在受压破碎过程的 DEM 模拟中,以煤炭物料为例进行研究。对于煤炭物料而言,其抗压能力远高于抗剪能力,因此在矿石承受压力的时候,产生的裂纹、缝隙往往沿着 45°倾角方向[31]。

如图 5-11 所示为三种破碎物料模型进行受压测试的结果。由图 5-11(a)所示的单一尺寸颗粒黏结模型受压结果可以看出,该破碎物料模型在承受竖直方向的压力时,Bonding 键并未明显断裂,小颗粒间出现了一定的滑移。经测量,小颗粒间的滑移面角度为36°左右,这是由于破碎模型中,Bonding 键结构单一导致模型质地松散,塑性较大导致的。可见,所得测试结果与真实矿石受压情况下的产生裂隙的行为有较大的差异。采用高斯分布颗粒黏结模型的破碎物料受压测试结果如图 5-11(b)所示。与单一尺寸颗粒黏结模型受压测试结果类似,该模型承受同样的压力时,也只在 40°左右倾角的方向上出现了一定程度的滑移,与真实矿石受压情况下产生裂隙的行为仍有明显的差异。其原因同样是该模型中颗粒间空隙大,导致模型的塑性较大,因此不容易出现裂隙。

图 5-11(c)所示为采用双正态分布颗粒的黏结成模型受压测试的结果。可以看出,该模型在承受压力时,沿 46.5°倾角的方向上产生了明显的裂隙,该结果与真实矿石受压时的裂纹方向沿 45°倾角方向更加吻合,更真实地反映了矿石的力学特性。因此,矿石颗粒破碎过程的离散元模拟过程,采用双正态分布颗粒黏结模型能更好地模拟矿石颗粒的破碎行为。

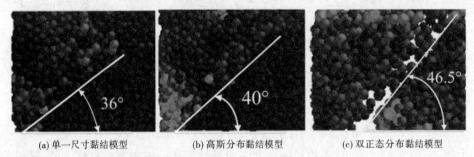

(a) 单一尺寸黏结模型　　　　(b) 高斯分布黏结模型　　　　(c) 双正态分布黏结模型

图 5-11　三种颗粒黏结模型受压测试结果

2. DEM 破碎物料模型

由上述分析可知,双正态分布颗粒黏结模型更适合用于破碎过程的模拟研究。该模型中小颗粒间 Bonding 键的黏结形式如图 5-12 所示。其中,标签中的颜色代表 Bonding 键的长度。

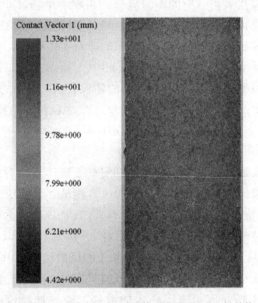

图 5-12　双正态分布 DEM 破碎模型中的 Bonding 键结构

如图 5-13 所示为 DEM 模拟过程中矿石模型的黏结过程。在离散元软件 EDEM 中建立颗粒物料破碎模型的过程如下:

(1)如图 5-13(a)所示,在离散元软件 EDEM 中创建两个几何体,其中一个几何体为圆柱,作为容纳双正态分布颗粒的容器,其尺寸要大于用于破碎过程模拟的矿石模板。该圆柱上表面不密封,并且要求其中心位于 EDEM 空间坐标的原点上,这样可使后续导入的矿石模板完全没入黏结破碎模型的小颗粒中,从而获得较好的填充效果。另外一个几何体是圆面,该圆面作为生成双正态分布颗粒的颗粒工厂位于圆柱体的上方,用以生成黏结破碎模型的小颗粒,其直径稍小于圆柱体容器。

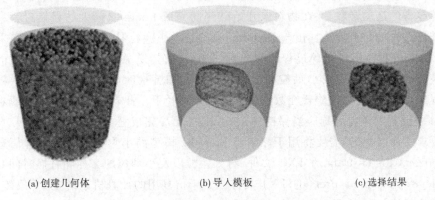

(a) 创建几何体　　　　　　(b) 导入模板　　　　　　(c) 选择结果

图 5-13　DEM 模拟过程中矿石模型的黏结过程

(2)在 EDEM 中,需要在破碎颗粒模型生成之前设置好颗粒的材料属性以及颗粒间的接触属性。要求具有较低的静摩擦系数和弹性恢复系数,以及较高的接触刚度,以保证颗粒间的塑性变形足够小。物料和容器之间的接触刚度也要足够高,以保证物料进入容器后尽快稳定下来。

(3)定义双正态分布颗粒的初始粒径以及接触直径,并将其命名为 Fraction。该颗粒初始粒径介于双正态分布颗粒粒径的最小值和最大值之间,接触直径应该稍大于初始粒径。

(4)定义双正态分布颗粒中的第一个正态分布颗粒粒径范围。正态分布的取值范围为 $\mu = 2.0, 1.0 < \sigma < 3.0^{[126]}$。

(5)定义双正态分布颗粒中的第二个正态分布颗粒粒径范围。正态分布的取值范围为 $\mu = 0.8, 0.6 < \sigma < 1.0^{[126]}$。

(6)设置颗粒工厂参数,用于生成颗粒,其结果如图 5-13(a)所示。在设置接触属性时,颗粒间的接触刚度较高,因此生成的颗粒间相互覆盖的程度比较低,颗粒间的相互作用力比较小,颗粒群比较稳定。

(7)如图 5-13(b)所示,导入获取需要填充的矿石模板,将填充模板所需要的颗粒选择出来,选择结果如图 5-13(c)所示。通过 EDEM 的后处理功能获取所选择的颗粒信息(包括位置信息和粒径比),该信息将用于破碎模拟过程中的颗粒替换。

经过上述步骤,只是得到了黏结破碎模型所用的小颗粒粒径以及位置信息,并没有得到用于破碎模拟的颗粒物料模型。在进行破碎过程模拟时,首先,提前在替换文件中设置小颗粒替换大颗粒的时间,并将替换文件放置在数值模拟的计算路径下。然后,在 EDEM 中设置黏结小颗粒的 Bonding 参数以及黏结时间,黏结时间要滞后于替换时间,滞后时间约为 0.05 s。如果黏结时间滞后替换时间过久,小颗粒在发生黏结时便会散开。

5.1.4 破碎过程离散元法模型

利用离散元法进行破碎过程模拟可以分为三个步骤:第一步,准备破碎物料的离散元模型,并将其保存在相应的计算路径下;第二步,在 EDEM 中设置破碎物料的物化参数以及破碎设备的运动参数,并在物料未开始破碎前完成 Bonding 模型的替换过程;第三步,进行破碎过程的数值计算。由于 Bonding 模型是由小颗粒黏结而成的,因此在采用 Particle-Bonding 模型进行破碎过程的模拟时,需要提前知道黏结成破碎物料模型的小颗粒的数量、粒径和位置信息、小颗粒和大颗粒的名称和替换时间以及用于进行颗粒替换的 API 程序,并将这些文件放置在数值仿真的计算路径下。此外,API 程序中的颗粒名称和 EDEM 中设置的颗粒名称应当保持一致,否则将无法完成替代。根据 EDEM 对 API 程序的要求及命名规则,需要将用于黏结成 Bonding 模型的小颗粒数量和位置信息写入名为 Particle_Cluster_Data 的 TXT 文件,将大颗粒以及小颗粒的名称和替换时间写入名为 Particle_Replacement_prefs 的 TXT 文件。由于仿真用的计算机系统是 64 位的,因此将用于颗粒替换的 API 程序命名为 ParticleReplacement64.dll。

由于 EDEM 软件只能建立简单的结构模型,因此在对破碎设备进行建模时采用专业建模软件 Creo 完成,并保存为 EDEM 软件可以识别的 .stl 格式。为了方便模拟运算,对破碎机模型进行了简化,破碎机模型主要参数列于表 5-1 中。

表 5-1　　　　破碎机模型的参数

参数名称	参数取值
破碎齿环直径/mm	260
破碎齿环相对角度/(°)	0~45
破碎齿环间距/mm	30
破碎齿辊有效长度/mm	1 200
破碎齿辊轴中心距/mm	300
破碎比	1 : 5

在设置破碎过程的离散元法模拟参数时,除了破碎设备的材料和运动参数外,还需要设置待破碎物料、物料与设备之间的接触参数(参考表 2-2)。此外,由于破碎物料模型是由许多小颗粒通过 Bonding 键黏结在一起的,因此还要在模拟程序中设置 Bonding 键的参数,其值列于表 5-2。

表 5-2　　　　DEM 破碎模型的 Bonding 键参数

参数名称	参数取值
替换时间/s	0.7
单位面积的正刚度/(N·m^{-2})	1×10^8
单位面积的剪切刚度/(N·m^{-2})	5×10^7
正应力/Pa	500 000
剪切应力/Pa	250 000
Bonding 键接触半径/mm	3.5

5.1.5　试验与模拟结果的对比分析

如图 5-14 所示为基于上述颗粒黏结模型的单颗粒破碎过程离散元法模拟结果。在模拟过程中,分别采用了平行排布式、差齿排布式和螺旋排布式三种齿辊形式,筛轴转速分别为 50 r/min,100 r/min,150 r/min 和 200 r/min。为验证破碎过程离散元法模拟的可靠性,将所得破碎颗粒的粒径分布结果与试验结果进行了比较。

图 5-14　单颗粒破碎过程模拟结果

1.平行排布式齿辊破碎的试验与模拟结果对比

对单颗粒物料在平行排布式齿辊中的破碎行为进行了离散元法数值模拟,由模拟结果可得到破碎后的颗粒粒径分布情况。表 5-3 所列结果为破碎后得到的各粒径范围颗粒在破碎产物中的占比。其中,差值是数值模拟结果减去物理试验结果的数值,正号表示数值结果大于物理试验结果,负号则相反,差值的绝对值大小反映了物理试验结果和数值模拟结果之间的误差大小。

表 5-3　　　　平行排布式齿辊破碎的试验与模拟结果

类型	粒径/mm					
	45～55	35～45	25～35	15～25	10～15	＜10
50 r/min 模拟	0.30	0.35	0.14	0.09	0.07	0.03
50 r/min 试验	0.33	0.25	0.17	0.11	0.06	0.04
差值	−0.03	0.10	−0.03	−0.02	0.01	−0.01
100 r/min 模拟	0.24	0.26	0.22	0.14	0.08	0.05
100 r/min 试验	0.25	0.28	0.23	0.13	0.07	0.06
差值	−0.01	−0.02	−0.01	0.01	0.01	−0.01

（续表）

类型	粒径/mm					
	45～55	35～45	25～35	15～25	10～15	<10
150 r/min 模拟	0	0.32	0.23	0.23	0.12	0.08
150 r/min 试验	0	0.31	0.21	0.25	0.10	0.09
差值	0	0.01	0.02	−0.02	0.02	−0.01
200 r/min 模拟	0	0.28	0.23	0.26	0.13	0.09
200 r/min 试验	0	0.31	0.25	0.23	0.15	0.10
差值	0	−0.03	−0.02	0.03	−0.02	−0.01

为了更直观地分析平行排布齿辊破碎时的试验和模拟结果，根据表 5-3 所列数据可得到图 5-15。可以看出，所得的模拟结果和试验结果整体上基本一致。当齿辊轴转速为 50 r/min 时，得到的破碎颗粒产物分布于 6 个粒径范围。其中，45～55 mm 粒径破碎产物占比较大，模拟和试验结果分别为 30% 和 33%，两者之间的差值为 3 个百分点。粒径为 35～45 mm 的破碎产物占比也较大，模拟和试验结果分别为 35% 和 25%，两者之间的差值最大，达到了 10 个百分点。其余粒径范围的破碎产物含量较低，并且随着粒径的减小而减少。当齿辊轴转速增大至 100 r/min 时，破碎颗粒产物的粒径分布规律与 50 r/min 时类似，但模拟和试验结果之间的差值均小于 2 个百分点。当破碎齿辊转速进一步增大至 150 r/min 和 200 r/min 时，破碎产物中不再有 45～55 mm 粒径的颗粒，而破碎产物粒径主要分布在 35～45 mm，25～35 mm 和 15～25 mm 三个粒级范围，并且模拟和试验结果之间的差值同样较小，均小于 3 个百分点。由此可见，单颗粒物料破碎过程离散元法模拟具有良好的可靠性，能够较好地模拟颗粒物料的破碎过程。此外，提高齿辊转速可以提升破碎产品的破碎比，即改善了单颗粒破碎产品的质量。

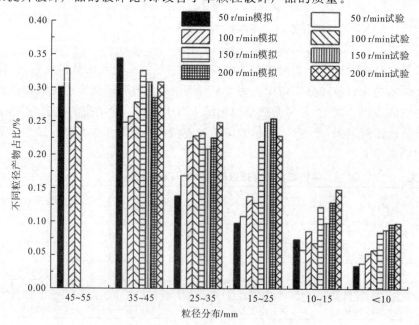

图 5-15 平行排布式齿辊破碎的试验与模拟结果

2. 差齿排布式齿辊破碎的试验与模拟结果对比

由单颗粒物料在差齿排布式齿辊中的破碎过程模拟和试验结果,可得到如表 5-4 所列的破碎后得到的各粒径范围颗粒在破碎产物中的占比,并根据表中数据可得到如图 5-16 所示的结果。可以看出,与平行排布式齿辊破碎所得的结果类似,采用差齿排布式齿辊进行破碎过程模拟和试验所得结果在整体上也具有良好的一致性。当齿辊轴转速为 50 r/min 时,6 个粒径范围内容均获得了破碎颗粒产物,并且破碎产物主要集中在 45~55 mm 和 35~45 mm 两个粒径范围内,两个粒径范围内的颗粒产物占比均在 30% 左右。另外,模拟和试验结果十分接近,两者之间的差值均在 2 个百分点以内。当齿辊轴转速增大至 100 r/min 时,所得破碎产物同样主要集中在 45~55 mm 和 35~45 mm 两个粒径范围内,但占比有所降低。此时,所得的模拟和试验结果同样十分接近,最大的差值也仅有 4 个百分点左右。当齿辊转速增大至 150 r/min 和 200 r/min 时,破碎产物中均没有 45~55 mm 粒径范围的大颗粒,粒径主要分布在 15~45 mm,并且各粒径范围内的破碎产物占比相对较为平均,即所得破碎产物的质量得到了提升。此外,所得的模拟和试验结果之间的差值同样较小,均在 3 个百分点以内。可见,采用差齿排布式齿辊时,单颗粒的破碎过程离散元法模拟结果同样与试验结果相接近,利用数值模拟的方法同样可以较好地预测单颗粒的破碎过程。另外,提高差齿排布式齿辊轴的转速,同样能够提升破碎产品的破碎比,提高破碎产品的粒级分布质量。

表 5-4　　　　　　　　差齿排布式齿辊破碎的试验与模拟结果

类型	粒径/mm					
	45~55	35~45	25~35	15~25	10~15	<10
50 r/min 模拟	0.31	0.30	0.15	0.10	0.09	0.03
50 r/min 试验	0.29	0.29	0.16	0.12	0.07	0.05
差值	0.02	0.01	−0.01	−0.02	0.02	−0.02
100 r/min 模拟	0.25	0.25	0.15	0.16	0.13	0.04
100 r/min 试验	0.26	0.21	0.17	0.14	0.10	0.05
差值	−0.01	0.04	−0.02	0.02	0.03	−0.01
150 r/min 模拟	0	0.29	0.23	0.22	0.18	0.07
150 r/min 试验	0	0.28	0.20	0.25	0.15	0.06
差值	0	0.01	0.03	−0.03	0.03	0.01
200 r/min 模拟	0	0.22	0.22	0.25	0.20	0.08
200 r/min 试验	0	0.23	0.21	0.22	0.18	0.09
差值	0	−0.01	0.01	0.03	0.02	−0.01

3. 螺旋排布式齿辊破碎的试验与模拟结果对比

采用螺旋排布式的齿辊轴,并对单颗粒物料的破碎过程进行离散元法模拟。所得各粒径范围颗粒在破碎产物中的占比结果与相应的破碎试验结果列于表 5-5 中,并由表中

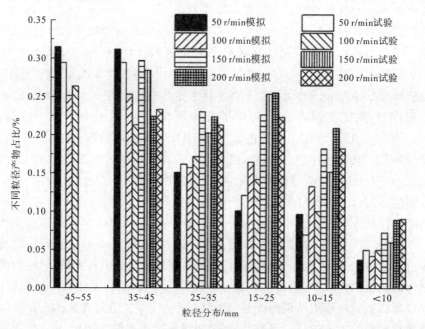

图 5-16 差齿排布齿辊破碎的试验与模拟结果

数据可得到如图 5-17 所示的螺旋排布式齿辊破碎的试验与模拟结果。可以看出,与上述两种齿辊轴结构类似,采用螺旋排布式齿辊进行破碎过程模拟和试验所得结果在整体上同样具有良好的一致性。当齿辊轴转速为 50 r/min 和 100 r/min 时,所得破碎产物的粒度分布在 6 个粒径范围内。当齿辊轴转速增大至 150 r/min 和 200 r/min 时,破碎产物中再次没有了 45~55 mm 粒径的颗粒。不同转速条件下,所得的模拟结果与试验结果之间的差值均未超过 4 个百分点,再次验证了单颗粒物料破碎过程离散元法模拟结果的可靠性,利用数值模拟方法能够较好地预测颗粒物料的破碎过程。

表 5-5　　　　　　　　螺旋排布式齿辊破碎的试验与模拟结果

类型	粒径/mm					
	45~55	35~45	25~35	15~25	10~15	<10
50 r/min 模拟	0.24	0.26	0.18	0.13	0.12	0.05
50 r/min 试验	0.26	0.21	0.19	0.14	0.09	0.07
差值	−0.02	0.05	−0.01	−0.01	0.03	−0.02
100 r/min 模拟	0.17	0.21	0.20	0.16	0.17	0.08
100 r/min 试验	0.18	0.23	0.18	0.13	0.15	0.09
差值	−0.01	−0.02	0.02	0.03	0.02	−0.01
150 r/min 模拟	0	0.18	0.25	0.24	0.22	0.10
150 r/min 试验	0	0.22	0.26	0.21	0.18	0.11
差值	0	−0.04	−0.01	0.03	0.04	−0.01
200 r/min 模拟	0	0.16	0.23	0.26	0.22	0.12
200 r/min 试验	0	0.19	0.22	0.24	0.20	0.10
差值	0	−0.03	0.01	0.02	0.02	0.02

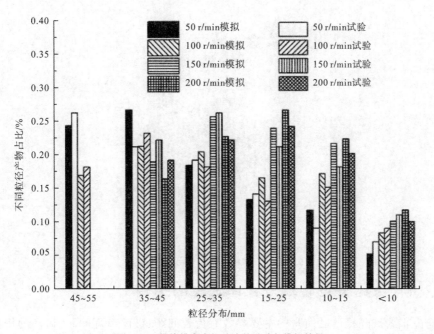

图 5-17　螺旋排布齿辊破碎的试验与模拟结果

5.1.6　小　结

本节介绍了自制破碎试验台的工作原理,并进行了单颗粒破碎过程的试验研究。介绍了破碎物料模型以及破碎过程离散元法模型的构建方法,对比分析了不同 Bonding 模型的力学特性。将不同破碎条件下的试验结果和模拟结果进行了对比,验证了基于 DEM 的数值方法能够较准确地模拟颗粒物料的破碎过程。

5.2　齿辊式破碎机的破碎过程 DEM 模拟研究

矿石的破碎过程往往十分复杂,并且受到破碎设备的工作参数以及矿石的物化性质等因素的影响,破碎过程中的有关机理很难通过试验进行分析。随着计算技术的发展,DEM 技术被广泛地应用于散体介质系统的模拟研究中,在一定程度上弥补了物理试验的不足,可以获得一些物理试验难以获得的信息,有助于人们对散体系统微观及宏观特性的理解。本节将在单颗粒物料破碎过程的离散元法模拟的基础上,进一步对多颗粒物料的破碎过程进行模拟(图 5-18),并分析破碎齿辊的转速以及齿辊的结构形式对破碎过程的影响。

图 5-18 多颗粒物料的破碎过程模拟

5.2.1 破碎齿辊转速对破碎过程的影响

影响齿辊式破碎机产品质量的主要参数有齿辊间距、破碎齿环间距、齿环的排布形式以及破碎齿辊的转速等。对于特定的破碎设备,其齿辊间距和齿环间距往往不便调整。因此,此处主要研究齿辊转速对破碎过程的影响。

1. 齿辊转速对平行排布式齿辊破碎过程的影响

对多颗粒物料在平行排布式齿辊作用下的破碎过程进行离散元法模拟,分析不同齿辊转速时的破碎产物的粒径分布及 Bonding 键断裂情况,所得结果列于表 5-6 中。为了更加直观地分析不同齿辊转速下的破碎效果,根据表 5-6 所列数据分别可得到如图 5-19 和图 5-20 所示的不同齿辊转速下平行排布形式齿辊破碎后破碎产物的粒径分布和 Bonding 键断裂情况。

表 5-6 不同转速下平行排布式齿辊破碎产物的粒径分布以及 Bonding 键断裂情况

转速/(r·min^{-1})	粒径/mm						Bonding 断裂数量
	45～55	35～45	25～35	15～25	10～15	<10	
50	0.302 85	0.346 18	0.140 03	0.099 50	0.075 34	0.036 17	21 185
100	0.236 52	0.258 85	0.222 25	0.139 48	0.088 01	0.054 89	24 719
150	0.165 38	0157 72	0.234 73	0.232 22	0.123 84	0.086 11	28 852
200	0.150 00	0.137 30	0.226 92	0.256 17	0.131 09	0.098 52	30 258
250	0.153 33	0.148 22	0.225 72	0.241 80	0.138 12	0.082 81	29 219

由表 5-6 和图 5-19 可以看出,当齿辊转速为 50 r/min 时,破碎产物的粒径主要集中在 35～55 mm,其占比约占总产物的 65%,即破碎产物中有较多的未破碎的大粒径颗粒。粒径在 10～35 mm 的破碎产物约占 32%,而粒径小于 10 mm 的产物的占比不足 4%。当转速增大至 100 r/min 时,破碎产物的粒径仍主要集中在 35～55 mm,占总的破碎产物的 49% 左右,大粒径的产物占比比转速为 50 r/min 时有所下降。粒径在 10～35 mm 的

产物占比达到了近 45%，比转速为 50 r/min 时所占比例提高了 13 个百分点。粒径小于 10 mm 的产品占比同样较低，约为 5%。然而，当齿辊转速提高到 150 r/min 时，粒径在 35~55 mm 的破碎产物占比进一步显著降低，仅约为 32%，表明此时的破碎产物中未破碎的大粒径颗粒大幅降低，破碎效果得到明显提升。与转速为 50 r/min 和 100 r/min 时的破碎产物相比，粒径在 10~35 mm 的中等粒径破碎产物占比有所提高，达到了总产物的 59% 左右，而粒径小于 10 mm 的产物则有所增加，占比约为 9%。当齿辊转速进一步提高到 200 r/min 和 250 r/min 时，破碎产物的粒径分布情况与齿辊转速为 150 r/min 时的粒径分布情况相似，粒径在 35~55 mm 的产物分别约占总产物的 28% 和 30%，粒径在 10~35 mm 的产物均达到了总产物的 61% 左右，粒径小于 10 mm 的产物分别约占 10% 和 8%。由上述分析可知，当破碎齿辊转速不高于 150 r/min 时，提高齿辊转速可以在一定程度上改善产品质量，使大粒径产物占比有所下降。然而，当速度高于 150 r/min 时，所得破碎产物的粒径分布则比较接近，进一步提高转速并不能显著改善破碎质量。另外，即使齿辊转速为最高的 250 r/min 时，破碎产物中的大粒径（35~55 mm）产品占比为约为 30%。可见，采用平行排布式齿辊时，所得破碎产品粒径较粗，提高齿辊转速并不能有效地改善破碎产品质量。

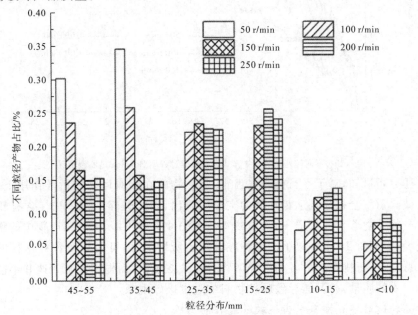

图 5-19　不同转速下平行排布式齿辊破碎产品的粒径分布情况

由表 5-6 和图 5-20 可以看出，在破碎过程的模拟过程中，黏结颗粒模型中的 Bonding 键在齿辊的作用下不断地产生断裂，相应入料颗粒模型被破碎为不同粒径的破碎产物。当齿辊转速为 50 r/min 时，入料颗粒在 1 s 左右开始发生破碎，颗粒模型中的 Bonding 键开始出现断裂。随着破碎过程的进行，不断有破碎产物产生，相应 Bonding 键的断裂数量逐渐增加。最终，当模拟时间为 19 s 左右时，破碎过程结束，此时整个破碎过程中 Bonding 键断裂的总数为 21 185 个。当齿辊转速增大至 100 r/min 时，Bonding 键的断裂数量同样随着破碎过程模拟时间而逐渐增加。整个破碎过程模拟中，Bonding 键的断裂数量明显高于转速为 50 r/min 的齿辊,并在 20 s 左右时完成破碎,Bonding 键的断裂总数增加至 24 719 个。当齿辊转速增大至 150 r/min 时,颗粒模型中的 Bonding 键随着破碎过程的进行而逐渐增加,其数量比同时刻的低转速齿辊又有明显增加,最终的断裂数量达到了 28 852 个。然而,当齿辊转速进一步增大至 200 r/min 和 250 r/min 时,Bonding 键的断裂数量不再有明显的增加,最终的断裂数量分别为 30 258 个和 29 219 个。可见,Bonding 键的断裂规律与破碎产物的粒径分布规律一致,同样反映出齿辊转速对破碎过程的影响。

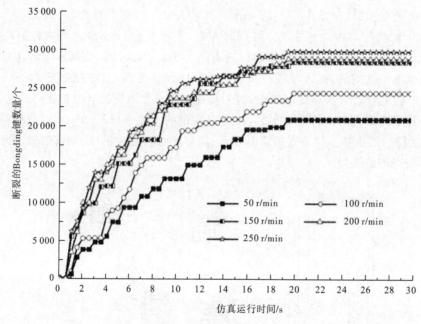

图 5-20 不同转速下平行排布式齿辊破碎过程中 Bonding 键断裂情况

由上述分析可知,对于平行排布式齿辊,颗粒物料在相对运动的齿环作用下,往往仅发生一次破碎后就会被齿环从齿环间的空隙中排出,因此破碎产物中往往含有较多的大粒径颗粒产物。随着转速的提高,颗粒物料受到的冲击作用增大,破碎产物中的粗颗粒含量有所减少,但同时 10 mm 以下的细颗粒含量有所增加,即可能导致颗粒物料的过粉碎率增大。总之,平行排布式齿辊的破碎产物粒径往往较粗,而提高齿辊转速并不能有效地改善破碎产物的质量,并可能导致颗粒物料的过度破碎现象。

2. 齿辊转速对螺旋排布式齿辊破碎过程的影响

为了改善齿环平行排布而导致的"跑粗"现象,齿辊结构还可采用螺旋排布形式和差齿排布形式。对多颗粒物料在螺旋排布式齿辊作用下的破碎过程进行离散元法模拟,分析不同转速时的破碎产物粒径分布及 Bonding 键断裂情况,所得结果列于表 5-7 中。为了更加直观地分析不同齿辊转速下的破碎效果,由表 5-7 所列数据分别可得到如图 5-21 和图 5-22 所示的不同齿辊转速下螺旋排布形式齿辊破碎后的破碎产物粒径分布和 Bonding 键断裂情况。

表 5-7　不同转速下螺旋排布式齿辊破碎产物的粒径分布以及 Bonding 键断裂情况

| 转速/(r·min⁻¹) | 粒径/mm | | | | | | Bonding |
	45～55	35～45	25～35	15～25	10～15	<10	断裂数量
50	0.241 41	0.264 64	0.182 81	0.132 52	0.116 71	0.051 91	31 403
100	0.167 58	0.211 08	0.202 54	0.163 76	0.170 30	0.082 74	44 070
150	0.084 06	0.087 68	0.254 77	0.257 53	0.215 47	0.100 49	51 428
200	0.068 36	0.073 05	0.254 39	0.269 13	0.218 92	0.110 89	52 284
250	0.073 62	0.082 61	0.245 47	0.264 59	0.222 01	0.116 97	53 681

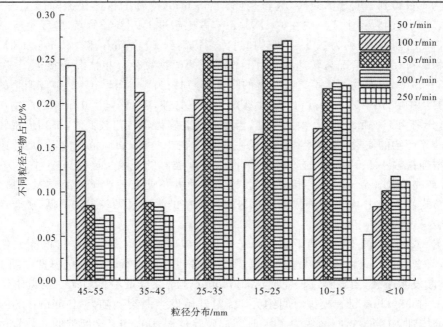

图 5-21　不同转速下螺旋排布式齿辊破碎产品的粒径分布情况

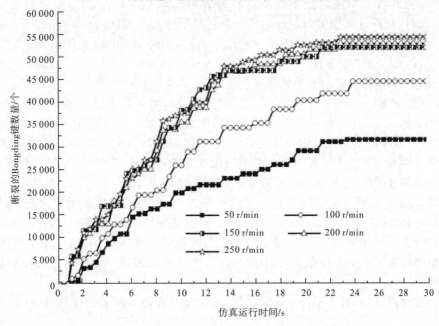

图 5-22　不同转速下螺旋排布式齿辊破碎过程中 Bonding 键断裂情况

由表 5-7 和图 5-21 可以看出,当齿辊转速为 50 r/min 时,粒径超过 35 mm 的破碎产物约占 51%,比平行排布时得到的大粒径产物占比小了约 14 个百分点。粒径在 10～35 mm 的破碎产物约占 43%,10 mm 以下小粒径颗粒产物的占比约为 5%。当齿辊转速提高到 100 r/min 时,粒径在 35～55 mm 的破碎产物占比有所下降,约为 38%。粒径在 10～35 mm 的产物占比略有增大,约为 54%。粒径小于 10 mm 的产物占比为 7.5%,比转速为 50 r/min 时增大 2.5 个百分点。可见,当齿辊转速低于 100 r/min 时,产物中较大粒径的产物占比仍然较大,同样存在破碎充分的问题。当齿辊转速提高到 150 r/min 时,破碎产物质量得到了明显的改善,大粒径(35～55 mm)产物的占比快速降低至约 17%。此外,破碎产物的粒径主要集中在 10～35 mm,占比超过了 73%。然而,粒径小于 10 mm 的产物占比有所增大,约为 10%。当转速进一步提高到 200 r/min 和 250 r/min 时,所得破碎产物的粒径分布情况与转速为 150 r/min 时的产物粒径分布情况相接近。其中,大粒径(35～55 mm)产物占比不再有明显的降低,分别约为 14% 和 16%。破碎产物的粒级同样主要集中在 10～35 mm,占比均超过了 70%。另外,粒径小于 10 mm 的产物占比略有增大,分别为 11% 和 12%。由此可见,当螺旋式破碎齿辊转速较低时,提高齿辊转速可以改善破碎产物的质量,破碎产物的粒径主要集中在 10～35 mm 范围内,但是转速的提高也会增加粒径小于 10 mm 的产物含量,产生过度破碎的现象。当转速超过 150 r/min 时,破碎产物的粒径分布情况相接近,继续提高转速并不能有效改善产品质量。另外,与平行排布式齿辊相比,螺旋排布式齿辊的破碎产物中的大粒径颗粒占比降低,破碎产物质量得到了一定的改善。

由图 5-22 所示的不同转速下螺旋排布式齿辊破碎过程中 Bonding 键的断裂情况可以看出,与平行排布式齿辊破碎过程类似,随着破碎过程的进行黏结颗粒模型中的 Bonding 键不断发生断裂,当破碎过程完成后,Bonding 键断裂数量不再增加。当齿辊转速为 50 r/min 时,Bonding 键在模拟时间约为 1 s 时开始发生断裂。随后,Bonding 键的断裂数量逐渐增加,并当模拟时间约为 23 s 时完成破碎过程,Bonding 键断裂的总数量达到了 31 403 个,明显高于相同转速下的平行排布式齿辊(21 185 个)。当破碎齿辊转速为 100 r/min 时,破碎过程中 Bonding 键的断裂数量明显高于相同时刻转速为 50 r/min 的齿辊。当模拟时间约为 24 s 时,破碎过程结束,并且最终 Bonding 键的断裂总数增加至 44 070 个,同样显著高于相同转速下的平行排布式齿辊(24 719 个)。当齿辊转速提高到 150 r/min 时,Bonding 键的断裂数量又明显增加,当模拟时间约为 22 s 时,最终的 Bonding 键断裂数量进一步增加至大约 51 428 个。然而,当转速继续提高至 200 r/min 和 250 r/min 时,Bonding 键的断裂速度及最终的断裂数量均与转速为 150 r/min 时的破碎过程相接近,最终的 Bonding 键断裂数量分别为 52 284 个和 53 681 个。可以看出,破碎过程中黏结颗粒模型中 Bonding 键的断裂数量变化规律与破碎产物的粒径分布规律相吻合。当齿辊转速较低时,Bonding 键的断裂总数较少,所得破碎产物的粒径较粗。随着转速的提高,Bonding 键断裂的速度和总量均明显提高,所得破碎产物的粒径得到有效改善。但是,当转速超过 150 r/min 时,Bonding 键断裂规律不再有显著的变化,所得破碎产物的粒径分布也相类似。另外,螺旋排布式齿辊破碎过程中 Bonding 键的断裂数量明显高于相同转速下的平行排布式齿辊破碎过程,因此所得破碎产物中的大粒径颗粒占比普遍较低。

由上述分析可知,对于平行排布式齿辊,颗粒物料在相对运动的齿环作用下,往往仅发生一次破碎后就会被齿环从齿环间的空隙中排出,因此破碎产物中往往含有较多的大粒径颗粒产物。随着转速的提高,颗粒物料受到的冲击作用增大,破碎产物中的粗颗粒含量有所减少,但同时 10 mm 以下的细颗粒含量有所增加,即可能导致颗粒物料的过粉碎率增大。总之,平行排布式齿辊的破碎产物粒径往往较粗,而提高齿辊转速并不能有效地改善破碎产物的质量,并可能导致颗粒物料的过度破碎现象。

由上述分析可知,对于螺旋排布式齿辊,颗粒物料在破碎过程中受到相对运动的齿环的连续作用,因此破碎产物的粒径相对于平行排布式齿辊有所降低,尤其是大粒径的颗粒产物占比明显降低。随着转速的提高,颗粒物料在破碎过程中受到更多的冲击作用,破碎产物中的粗颗粒含量进一步减少,但同时细颗粒产物的含量有所增加。可见,螺旋排布式齿辊的破碎效果相对于平行排布式齿辊有明显的改善,但同样需要选择合理的齿辊转速,从而保证在获得良好的破碎效果的同时,减少物料的过度破碎。

3. 齿辊转速对差齿排布式齿辊破碎过程的影响

对多颗粒物料在差齿排布式齿辊作用下的破碎过程进行离散元法模拟,分析不同转速时的破碎产物粒径分布及 Bonding 键断裂情况,所得结果列于表 5-8 中。为了更加直观地分析不同齿辊转速下的破碎效果,由表 5-8 所列数据分别可得到如图 5-23 和图 5-24 所示的不同齿辊转速下差齿排布形式齿辊破碎后的破碎产物粒径分布和 Bonding 键断裂情况。

表 5-8　不同转速下差齿排布式齿辊破碎产物的粒径分布以及 Bonding 键断裂情况

转速/($r \cdot min^{-1}$)	粒径/mm						Bonding 断裂数量
	45～55	35～45	25～35	15～25	10～15	<10	
50	0.310 00	0.306 83	0.145 95	0.100 23	0.096 02	0.037 31	26 056
100	0.248 17	0.249 75	0.155 49	0.162 52	0.131 58	0.042 50	30 277
150	0.143 40	0.152 82	0.227 39	0.223 45	0.180 23	0.072 71	34 600
200	0.111 63	0.110 96	0.212 84	0.240 87	0.206 15	0.088 76	37 114
250	0.132 00	0.107 45	0.212 84	0.248 07	0.199 78	0.087 07	38 312

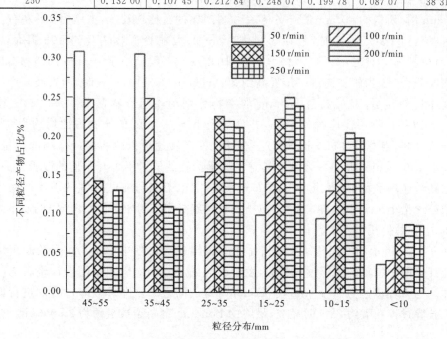

图 5-23　不同转速下差齿排布式齿辊破碎产品的粒径分布情况

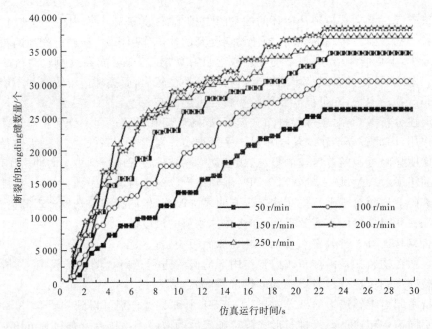

图 5-24　不同转速下差齿排布式齿辊破碎过程中 Bonding 键断裂情况

　　由从表 5-8 和图 5-23 可以看出,采用差齿排布式齿辊时,不同齿辊转速下所得的破碎产物粒径分布情况及 Bonding 键断裂数量变化规律与其他两种齿辊类似。整体上,当转速低于 150 r/min 时,粒径为 35～55 mm 的大粒径产物占比较高;而当转速达到 150 r/min 及以上时,大粒径产物的占比显著降低。对于差齿排布式齿辊,当转速为 50 r/min 时,粒径超过 35 mm 的产物占比高达约 62%,粒径在 10～35 mm 的破碎产物占比较低,仅为 35% 左右。当转速为 100 r/min 时,粒径大于 35 mm 的产物占比降低至约 49%,而粒径在 10～35 mm 的产物占比提高至约 45%。当转速为 50 r/min 和 100 r/min 时,所得的 10 mm 以下小粒径物料产物的占比均较低,占比为 4% 左右。当齿辊转速提高到 150 r/min 时,粒径超过 35 mm 的大粒径产物占比进一步降低至了约 30%,而粒径为 10～35 mm 的产物占比达到了约 65%,粒径小于 10 mm 的产物占比小幅增大到约 7%。当齿辊转速进一步提高到 200 r/min 和 250 r/min 时,所得破碎产物粒径分布规律比较接近,粒径超过 35 mm 的产物分别约占总产物的 22% 和 24%,粒径在 10～35 mm 的产物占比均约为 66%,并且粒径小于 10 mm 的产物占比均约为 9%。由上述分析可知,当差齿排布式齿辊转速较低时,提高转速可以改善破碎产物的质量,但当转速高于 150 r/min 时,进一步提高转速则破碎产物的质量不再有明显的改善。另外,与具有相同转速的平行排布式和螺旋排布式齿辊相比,差齿排布式齿辊的破碎产物中的大粒径颗粒含量小于平行排布式齿辊,但稍高于螺旋排布式齿辊,即破碎产物的质量高于平行排布式齿辊,但稍低于螺旋排布式齿辊。

　　如图 5-24 所示的不同转速下差齿排布式齿辊破碎过程中 Bonding 键的断裂情况整体上与其他两种齿辊的破碎过程类似,发生断裂的 Bonding 键数量随着齿辊转速的提高而增加。当齿辊转速为 50 r/min 时,Bonding 键的断裂数量随着破碎过程的进行而逐渐增加。破碎过程在大约 22 s 时完成,最终的 Bonding 键断裂数量约为 26 056 个。当齿转速为 100 r/min 时,Bonding 键的断裂速度比同时刻的转速为 50 r/min 齿辊快。在破碎过程模拟结束时,其 Bonding 键总的断裂总数增加至 30 277 个。当转速增大至 150 r/min 时,Bonding 键的断裂速度比同时刻的转速为 50 r/min 齿辊进一步加快,在破碎过程模拟结束时 Bonding 键总的断裂数量增加至 34 600 个。与其他两种齿辊类似,当齿辊转速增大至 200 r/min 和 250 r/min 时,Bonding 键的断裂速度减缓,最终断裂的 Bonding 键总数量分别为 37 114 个和 38 312 个。可以看出,差齿排布式齿辊破碎过程中,黏结颗粒模型中 Bonding 键的断裂数量变化规律与其影响的破碎产物粒径分布规律一致。提高齿辊转速可以提高 Bonding 键的断裂速度及总数量,降低产物中大粒径颗粒的含量,提高破碎产物质量。另外,采用差齿排布式齿辊齿时,Bonding 键的断裂总数量高于同转速下的平行排布式齿辊,但同时低于螺旋排布式齿辊。

由上述分析可知,差齿排布式齿辊的破碎产物中,粒径超过 35 mm 的大颗粒占比较大,其原因应该与交错分布的破碎齿间存在较大的空隙有关。当齿辊转速较低时,大粒径物料落入破碎齿间的空隙后,得不到进一步的冲击破碎作用,从而导致产物粒径较粗。但是,差齿排布式齿辊破碎产物质量整体上介于平行排布和螺旋排布式齿辊之间。

5.2.2　齿环排布形式对破碎过程的影响

由以上讨论可知,除了齿辊转速外,齿辊的结构即齿环的排布形式对破碎过程同样具有显著的影响。为了进一步分析齿环排布形式的对破碎产物质量的影响,本节将基于上节所得的数值模拟结果,分别讨论齿辊转速为 50 r/min,100 r/min 和 150 r/min 时 3 种不同齿环排布形式齿辊的破碎产物情况。

如图 5-25 和图 5-26 所示分别为 3 种不同形式的破碎齿辊在转速为 50 r/min 时的产物粒径分布和破碎过程模拟过程中 Bonding 键的断裂情况。由图 5-25 可以看出,当破碎齿辊转速为 50 r/min 时,平行排布式、螺旋排布式和差齿排布式齿辊所得的破碎产物中,粒径超过 35 mm 的大颗粒占比均较高,分别约为 65%,50% 和 62%。表明该转速条件下,所得的破碎产物粒径均较粗大,破碎效果均不够理想。其中,螺旋排布式齿辊所得产物的质量相对较高,而平行排布式齿辊所得产物的质量最低。另外,由于物料颗粒破碎不充分,所得产物中 10 mm 以下的小粒径产物占比均较低,约为 4% 左右。

如图 5-26 所示为三种齿辊在转速为 50 r/min 时破碎过程中相应的 Bonding 键断裂情况。可以看出,螺旋排布式齿辊破碎过程中 Bonding 键断裂的数量明显高于同时刻的平行排布式和差齿排布式齿辊,螺旋排布式齿辊破碎完成后 Bonding 键断裂的总数为 31 403 个,高于平行排布式齿辊的 21 000 个和差齿排布式齿辊的 26 000 个。由此可见,螺旋排布式齿辊在破碎过程中能够对颗粒物料进行连续地挤压破碎,从而使得黏结颗粒模型中更多的 Bonding 键发生断裂。平行排布式齿辊破碎过程中,颗粒物料往往仅受到一次挤压后便从齿环间隙中排出,因此 Bonding 键断裂数量明显偏少。对于差齿排布式齿辊,破碎过程中颗粒物料受到齿环的挤压作用增加,但由于齿环间同样存在较大的间隙,并且齿环与颗粒物料之间的非连续作用,从而导致 Bonding 键断裂的数量也较少。

当齿辊转速提高到 100 r/min 时,3 种齿辊的破碎产物粒径分布及 Bonding 键断裂情况均发生了变化。如图 5-27 所示为 3 种齿辊在转速为 100 r/min 时的破碎产物粒径分布

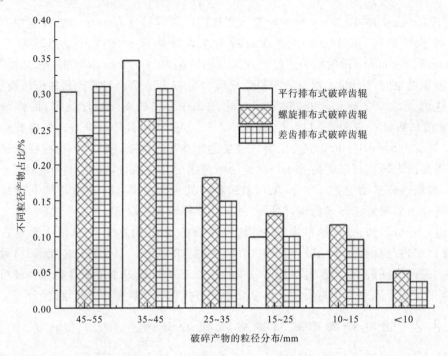

图 5-25 转速为 50 r/min 时 3 种齿辊破碎产物的粒径分布

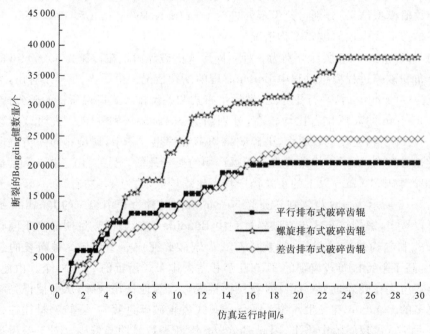

图 5-26 转速为 50 r/min 时 3 种齿辊破碎过程中 Bonding 键的断裂情况

情况。可以看出,三种齿辊的破碎产物中,35 mm 以上的大粒径颗粒产物占比均有所下降,10~35 mm 中等粒径颗粒产物占比均有所提升,表明 3 种齿辊的破碎产物质量均有所提高。其中,螺旋排布式齿辊的破碎产物粒径质量优于平行排布式和差齿排布式齿辊,所得的破碎产物中粒径超过 35 mm 的产物占比约为 38%，而平行排布式和差齿排布式齿辊所得大粒径产物的占比均为 49% 左右。螺旋排布式齿辊所得的 10～35 mm 中等粒径颗粒产物占比约为 54%，平行排布式和差齿排布式齿辊所得中等粒径颗粒产物占比分别约为 59% 和 45%。另外，由于颗粒破碎程度增加，三种齿辊所得的 10 mm 以下小粒径产物增多，其中，螺旋排布式齿辊所得小粒径产物占比达到了约 8%，而平行排布式齿辊和差齿排布式齿辊所得小粒径产物占比较小，分别约为 5% 和 4%。

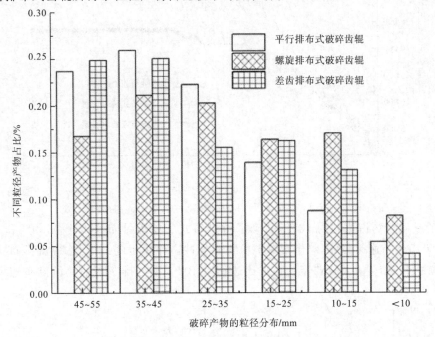

图 5-27　转速为 100 r/min 时 3 种齿辊破碎产物的粒径分布

　　齿辊转速为 100 r/min 时破碎过程中黏结颗粒模型中 Bonding 键的断裂情况如图 5-28 所示。可以看出，螺旋排布式齿辊的破碎过程中 Bonding 键断裂的速度和数量上仍然明显高于其他两种齿辊，并且其破碎过程结束的时间也稍晚于其他两种齿辊，最终的 Bonding 键断裂总数为 44 070 个，而平行排布式和差齿排布式齿辊最终的断裂数量分别为 24 719 和 30 277 个。表明螺旋排布式齿辊破碎过程中，物料颗粒发生了更多的破碎，相应破碎产物中大粒径颗粒含量最低。与齿辊转速为 50 r/min 的破碎过程相比，3 种齿辊的破碎产物粒径质量均得到了提升，大粒径颗粒产物减少，同时中等粒径颗粒占比增加，提高了颗粒物料的破碎质量。

　　由上节的研究可知，当齿辊转速超过 150 r/min 时，3 种齿辊所得的破碎产物的粒径分布情况和 Bonding 键断裂情况都十分接近，因而此处仅讨论齿辊转速为 150 r/min 时的 3 种齿辊破碎产物的粒径分布情况和破碎过程中 Bonding 键的断裂情况，分别如图 5-29 和图 5-30 所示。可以看出，3 种齿辊所得破碎产物的粒径分布得到进一步改善，大粒径颗粒产物的占比均进一步减小，中等粒度产物的占比进一步提高。其中，螺旋排布式齿辊的破碎产物中粒径超过 35 mm 的产物占比仅为 17%，而平行排布式和差齿排布式齿辊所得大粒径产物的占比分别约为 32% 和 30%。螺旋排布式齿辊得到的粒径在 10～

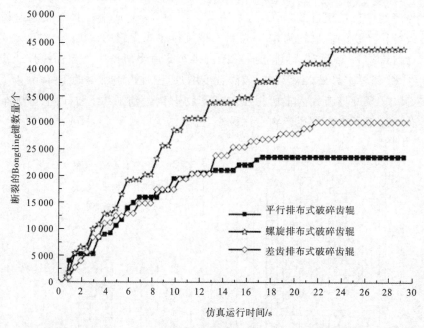

图 5-28　转速为 100 r/min 时 3 种齿辊破碎过程中 Bonding 键的断裂情况

35 mm 的破碎产物占比约为 73％,高于平行排布式和差齿排布式齿辊的 59％和 65％。此外,由于齿辊转速提高,破碎齿辊对颗粒物料的冲击作用也随之增强,螺旋排布式齿辊所得的粒径小于 10 mm 的破碎产物占比达到了 10％,平行排布式和差齿排布式齿辊分别为 9％和 7％。

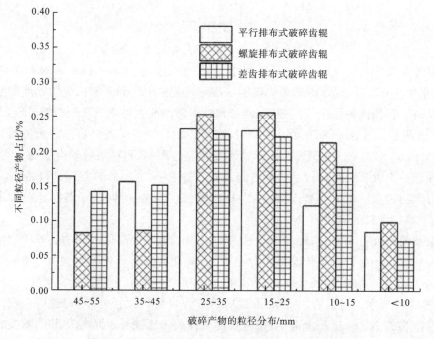

图 5-29　转速为 150 r/min 时 3 种齿辊破碎产物的粒径分布

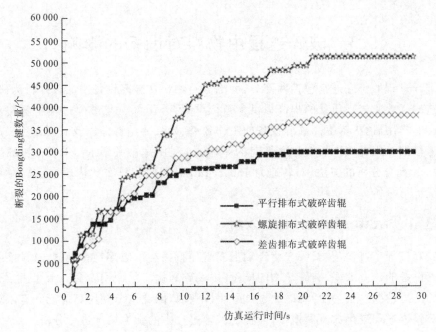

图 5-30　转速为 150 r/min 时 3 种齿辊破碎过程中 Bonding 键的断裂情况

由图 5-30 所示的转速为 150 r/min 时三种齿辊破碎过程中颗粒模型中 Bonding 键的断裂情况可以看出,与转速为 50 r/min 和 100 r/min 时类似,螺旋排布式齿辊的破碎过程中 Bonding 键的断裂速度和数量最高,差齿排布式齿辊次之,而平行排布式齿辊最低。螺旋排布式、平行排布式和差齿排布式三种齿辊破碎过程中 Bonding 键的断裂总数分别为 51 428 个、28 852 个和 34 600 个。可见,采用螺旋排布式齿辊时,颗粒物料的破碎更加充分,所得破碎产物中的大粒径颗粒最少,其产物质量明显高于其他两种齿辊。但需要注意的是,由于颗粒物料的破碎程度更高,因而螺旋排布式齿辊所得的破碎产物中粒径小于 10 mm 的过破碎产物也稍高于其他两种齿辊。

5.2.3　小　结

本节对多颗粒物料的破碎过程进行了离散元法模拟,分析了破碎齿辊的转速以及齿辊的结构形式对破碎过程的影响,得出以下结论:

(1)随着齿辊转速的提高,3 种不同排布形式齿辊的破碎产物质量都会得到一定的改善,破碎产物中大粒径产物占比下降,中等粒径产物占比增大,而粒径小于 10 mm 的过度破碎产物的占比也随之增大。但当转速高于 150 r/min 时,破碎产物的粒径变化幅度减小,进一步提高转速时破碎产物的质量不再有明显提高。

(2)在齿辊转速相同的条件下,破碎齿辊的结构对破碎过程质量也有显著的影响。由于齿辊结构不同,破碎齿与物料颗粒的接触形式也不同,破碎齿参与破碎的次数也有较大差异,其破碎效果差异明显。螺旋排布式齿辊对物料的破碎效果最好,差齿排布式齿辊次之,而平行排布式破碎齿辊的破碎效果相对最差。

5.3 破碎过程中物料对设备的影响

对破碎过程的研究通常包括两部分:一部分是物料在破碎设备中的破碎行为研究,为破碎工艺的优化和产品质量的提高提供参考依据;另外一部分是破碎过程中物料对破碎设备的影响作用研究,为提高破碎设备的工作效率、延长使用寿命以及研制新型破碎设备提供参考依据。因此,本节在上述研究的基础上,利用离散元软件 EDEM 和 ANSYS/Workbench 耦合分析的方法,对转速为 150 r/min 时的螺旋排布式齿辊在破碎过程中的受力情况进行分析。

5.3.1 破碎齿辊的受力分析

在破碎过程中,齿辊及安装在齿辊轴上的齿环直接与待破碎物料接触,其性能直接影响着破碎设备的工作效率、破碎产物的质量,以及破碎设备的使用寿命。由于齿辊在破碎过程中的受力情况复杂,并且难以通过试验手段获取,因此本节利用离散元和有限元耦合的方法对破碎过程进行数值模拟,对齿辊在破碎过程中的受力情况进行分析。

1.破碎过程的耦合模拟

离散元法和有限元法的耦合模拟流程如图 5-31 所示。首先,利用离散元法获取齿辊在破碎过程中的受力数据。然后,利用所得数据与有限元分析软件 ANSYS/Workbench 耦合,实现对破碎齿辊的受力分析。在耦合模拟过程中,离散元软件 EDEM 主要是为有限元软件 ANSYS/Workbench 提供齿辊在作业过程中的受力信息。操作过程中通过接口程序将 EDEM 模块添加到 ANSYS/Workbench 中,在 ANSYS/Workbench 中将 EDEM 模块和力学分析模块关在一起,从而将 EDEM 中获得的破碎齿辊受力信息导入 ANSYS/Workbench 中的离散元模块中进行分析,两者的耦合如图 5-32 所示。

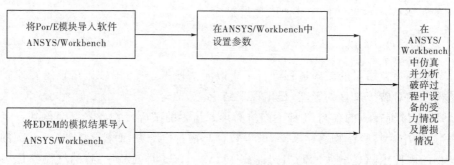

图 5-31 耦合模拟流程

由于双齿辊破碎机的两根齿辊左右对称,因此为了提高计算速度,可选取其中一个齿辊进行受力分析。如图 5-33 所示为导入 ANSYS/Workbench 的破碎齿辊模型。对该模型进行网格划分时,采用细网格对破碎齿环齿尖处进行划分,齿环其余部分以及齿辊轴采用粗网格进行划分。对模型施加约束和作用力时,将齿辊和齿环的接触关系设置为 Bonded,从而保证齿环和齿辊轴之间不发生位移。另外,将两齿环之间接触关系设置为 No Seoatation,从而保证相邻的两齿环间既相互接触又不会发生相对位移。

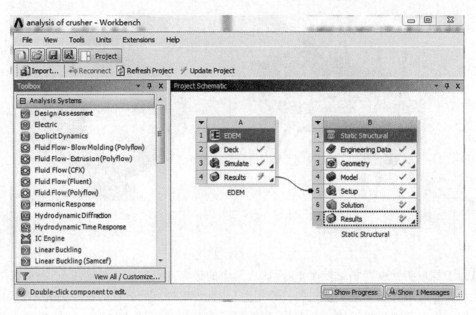

图 5-32　EDEM 和 ANSYS/Workbench 的耦合

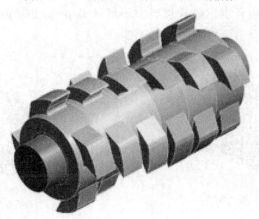

图 5-33　破碎齿辊模型

如图 5-34 所示为破碎齿辊的受力模型。在设置破碎齿辊约束时,仅保留其绕轴线的转动,对其余自由度均加以约束。由于与待破碎物料接触的主要是齿尖,破碎齿的前、后面以及破碎齿侧面,因此在对破碎齿辊施加作用力时,将作用力施加在上述位置处,受力类型设置为面作用力。另外,由于离散元仿真软件 EDEM 后处理中获得的破碎齿辊受力数据都是一个时间段的平均值,因此本节主要对齿辊在破碎过程中的整体受力情况进行分析。

2.破碎过程耦合模拟结果分析

如图 5-35 所示为齿辊在破碎过程中的变形和应力分布情况,相应的齿辊关键位置处的应变和应力数据分别列于表 5-9 和表 5-10 中。由图 5-35(a)所示的破碎齿辊应变云图可以看出,在破碎过程中,齿环的齿尖位置处变形最为严重,其值高达 1.10 mm。破碎齿的前齿面变形量也较高,变形量为 0.98 mm 左右。对于整个破碎齿辊而言,中间位置附

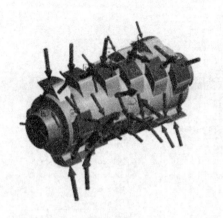 

(a) 整个齿辊受力　　　　　　　　　　　　　　　(b) 一个齿辊受力

图 5-34　齿辊的受力模型

近破碎齿的齿尖处变形相对较严重,而靠近两边的齿尖变形较小。由此可见,破碎齿的齿尖在破碎过程中直接承受了物料的反作用力,并且齿辊轴上的各破碎齿受力并不均匀,位于齿辊轴中间位置附近的破碎齿参与了较多的破碎,而靠近两边位置的破碎齿较少参与破碎过程。另外,由于齿环上的破碎齿类似于悬臂梁结构,并且齿尖处的结构往往较尖薄,因此也导致了齿尖处的变形较为严重。

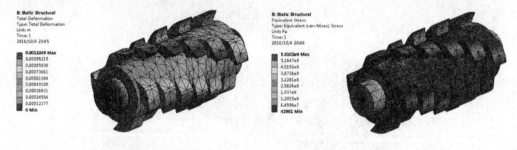

(a) 破碎齿辊的应变云图　　　　　　　　　　　　(b) 破碎齿辊的应力云图

图 5-35　破碎齿辊的有限元分析结果

表 5-9　　　　　　　　　　　　　　破碎齿辊关键部位的应变

位置	齿尖处	前齿面	侧齿面	齿根
应变/mm	1.10	0.98	0.85	0.61

表 5-10　　　　　　　　　　　　　　破碎齿辊关键部位的应力

位置	齿根	下齿面	侧齿面	齿环与齿辊连接处
应力/MPa	258	129	183	581

图 5-35(b)为齿辊在破碎过程中的应力分布云图。可以看出,在破碎齿的齿根处出现了较明显的应力集中情况,应力值达到了 258 MPa 左右。破碎齿下齿面处的应力值较小,约为 129 MPa。破碎齿的侧面受到挤压物料的反作用,受到了约 183 MPa 的应力。由于齿环和齿辊轴之间的接触设置为 Bonded,两者间不能发生相对转动,齿环受到的物料反作用力均以力矩的形式传递到了齿辊轴上,因此在齿辊轴与齿环内圆柱面接触位置

处出现了显著的应力集中,应力值高达 581 MPa。此外,在破碎过程中,当破碎齿的上齿面接触破碎物料时,齿根处承受的是压应力;当下齿面接触破碎物料时,齿根处承受的是拉应力。由此可知,齿根处的应力并不是单一方向的,而是拉应力与压应力不规则的交替应力。这种情况会导致齿根处出现疲劳损伤,影响破碎齿的使用寿命。

5.3.2 破碎齿环的受力分析

在双齿辊破碎机的破碎过程中,齿环和物料相互撞击,然后破碎齿切入物料,这种现象属于典型的动力侵彻问题。由于待破碎物料的硬度具有异质性,当破碎齿在破碎过程中遇到过高硬度或不可破碎的物料时,就容易出现受损甚至被折断等问题。因此,深入研究破碎齿与破碎物料间的冲击作用机理,对于优化破碎齿的结构参数、提高破碎齿的使用寿命以及提高破碎设备的可靠性等具有重要的意义。

1. 破碎过程的动力学模型分析

在双齿辊破碎机的破碎作业过程中,往往会遇到难以破碎的异质物料导致齿辊在作业过程中突然卡死等意外工况。对于粒径较大的物料,破碎齿的齿尖首先对物料施加冲击作用、劈裂作用。此外,考虑到齿环排布形式的不同,两齿辊上同时参与破碎的齿环数量不一致,所承受的物料反作用力也不均衡。因此,在破碎过程中,破碎齿环承受的冲击载荷往往比较复杂。为了方便分析计算,对双齿辊破碎机的破碎过程进行了简化,仅讨论3个齿环参与破碎作业的情况并对其进行分析。如图 5-36 所示为破碎齿辊冲击物料过程的简化计算模型。

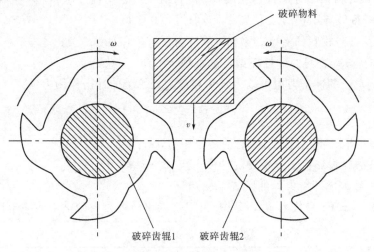

图 5-36 破碎齿辊对物料冲击的简化模型

回转的破碎齿接触并劈裂物料的过程十分短暂。在这个过程中,由物料反作用力产生的冲击扭矩符合动量冲量定理。根据动量等于冲量的力学原理,破碎齿环齿尖处承受的冲击扭矩的计算公式为

$$\omega J_r = \int_{t_2}^{t_1} M \, \mathrm{d}t = KtM \tag{5-2}$$

式中 ω ——齿辊转动的角速度,rad/s;

J_r——破碎设备折算到破碎持棍上的等效转动惯量,kg·m^2;

M——破碎齿环齿尖处承受的转动冲击扭矩,在冲击过程中呈三角形分布,N·m;

K——常数,由于扭矩 M 呈三角形分布,因此其取值为 0.5。

由于双齿辊破碎机的两齿辊分别由两个电动机独立驱动,并且在破碎腔中对称布置,因此在计算破碎齿辊的等效转动惯量时只需计算其中一根齿辊。由齿辊式破碎机的结构可知,破碎系统中包括了破碎齿辊驱动电动机、液力耦合器、减速器、联轴器以及破碎齿辊,因此破碎齿辊上的等效转动惯量的计算公式为

$$J_r = J_1 + J_2 + J_3 + J_4 + J_5 \tag{5-3}$$

式中 J_1——驱动电动机折算到破碎齿辊上的等效转动惯量,kg·m^2;

J_2——液力耦合器折算到破碎齿辊上的等效转动惯量,kg·m^2;

J_3——减速器折算到破碎齿辊上的等效转动惯量,kg·m^2;

J_4——联轴器折算到破碎齿辊上的等效转动惯量,kg·m^2;

J_5——齿辊自身的转动惯量,kg·m^2。

利用动量冲量定理进行冲击过程的理论分析时,冲击时间即破碎齿与物料的接触时间是必须考虑的重要参数,其计算公式为

$$t = 6.6 \frac{R_m}{v} \left[\frac{v^2 \rho}{E} \right]^{0.41} \tag{5-4}$$

式中 v——破碎齿齿尖处的冲击速度,m/s,其值可通过齿辊转速和齿环直径求得;

R_m——待破碎物料的最大粒径,m,取值为 0.4 m;

ρ——待破碎物料的密度,kg/m^3,取值为 9 850 kg/m^3;

E——待破碎物料的弹性模型,Pa,取值为 2.1×10^{11} Pa。

根据齿辊承受的冲击力矩可以得到齿环齿尖处承受的冲击作用力为

$$F = \frac{M}{R_c} \tag{5-5}$$

式中 F——破碎齿环齿尖处承受的冲击作用力,N;

M——破碎齿环齿尖处承受的冲击力矩,N·m;

R_c——破碎齿环齿尖处的回转半径,m。

将式(5-2)~式(5-4)代入式(5-5)中,可以推导出齿环齿尖处承受的冲击作用力为

$$F = \frac{\omega J_r}{KtR_c} = \frac{\omega J_r v}{K 6.6 R \left[\dfrac{v^2 \rho}{E} \right]^{0.41} R_c} \tag{5-6}$$

由式(5-6)可知,在破碎作业过程中破碎齿齿尖处的冲击应力主要受矿石的密度、齿辊转速、齿辊半径以及破碎齿齿尖的形状影响。为了进一步验证该动力学模型的合理性,将利用有限元软件 ANSYS/Workbench 的动力学模块 LS-DYNA 对破碎过程进行动态模拟,分析破碎齿在侵入物料过程中的受力情况及应力变化规律。

2. 基于 ANSYS/LA-DYNA 的破碎过程动态模拟

利用三维建模软件 ANSYS/SolidWorks 对破碎齿环及破碎物料进行三维建模,并导

入显式分析模块 ANSYS/LA-DYNA 中进行分析。为了兼顾运算速度和精度,此处仅对
3 个齿环参与的破碎过程进行动态模拟。此外,在建模过程中对模型进行了必要的简化
处理,将齿环与齿辊合并在一起,并将破碎齿直接安装在破碎齿辊上,待破碎物料简化为
正方体。导入 ANSYS/LA-DYNA 后的破碎过程简化有限元模型如图 5-37 所示。

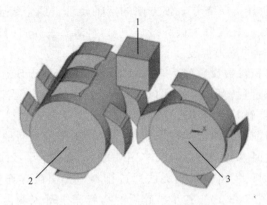

图 5-37 破碎过程简化有限元模型
1—物料;2—左齿辊;3—右齿辊

为了保证破碎过程模拟的真实性,在 ANSYS/LA-DYNA 中设置破碎齿和破碎物料
模型时均采用非刚体模型。物料的破碎过程属于大变形范围,在该条件下,Solid164 单元
可以提高数值计算的可靠性,因此在模拟过程中破碎物料以及破碎齿的单元类型都采用
Solid164 单元。由于 Solid164 单元是实体单元类型,该单元不能设置转动自由度,不能在
该单元上施加扭矩载荷或者转速驱动其做回转运动,因此将破碎齿辊定义为刚体模型,并
采用非实体单元,在模拟过程中通过限制其自由度来实现破碎齿辊的定轴转动。由于破
碎过程中破碎齿不会出现明显形变,因此采用双线性各向同性异化模型作为破碎齿的材
料,采用刚体材料模型定义齿辊的材料。模拟过程中物料发生破碎,其变形程度属于大变
形,采用失效的随动塑性(与应变率相关)材料模型作为破碎物料的材料模型。在模拟过
程中,破碎模型中待破碎物料以及破碎齿辊的主要模拟参数列于表 5-11 中。

表 5-11 破碎模型材料参数

参数	破碎矿石	破碎齿辊
密度/(kg·m^{-3})	3 009	7 850
弹性模量/Pa	1.17×10^9	2.10×10^{11}
泊松比	0.28	0.30
抗压强度/MPa	50	—
失效应变	0.125	—
屈服强度/MPa	—	800
切线模量/Pa	—	1.03×10^{11}

在 ANSYS/LS-DYNA 中进行数值模拟时,首先需要根据破碎模型的运动关系将划
分好网格的模型创建 PART,然后设置各个零件之间的接触关系。破碎齿环在破碎过程
中属于动力侵彻过程破碎,因此选用面与面接触定义齿辊和待破碎物料之间的接触算法,
选择侵蚀接触定义其接触类型。根据破碎模型各个零件之间的运动关系,将破碎齿辊设

置为接触对象,将待破碎物料设置为目标对象。由双齿辊破碎机实际破碎工况可知,待破碎物料在破碎腔中同时承受破碎齿的冲击劈裂作用和挤压作用,因此还需要设置动、静摩擦系数,分别选取为 0.15 和 0.30。在设置齿辊的运动时,考虑到其模型单元为刚体单元,可以利用刚体单元自身的属性施加自由度约束,限制齿辊的平移运动以及绕 x 轴和 y 轴方向上的转动,使其实现绕着 z 轴方向的定轴转动。两个齿辊的转动均定义为匀速转动,且转动方向相反。在实际的破碎过程中,物料落入破碎腔的过程类似于自由落体运动,只需要添加 y 方向的重力加速度。

破碎模型的各模拟参数设置好后,在 ANSYS/LS-DYNA Solver 中进行模拟运算,所得的物料破碎的动态过程模拟结果如图 5-38 所示。可以看出,当待破碎物料落入两齿辊之间时,破碎齿开始接触并逐渐切入待破碎物料,此时待破碎物料同时承受着破碎齿尖的劈裂作用以及破碎齿前面和侧面的挤压作用。随着破碎齿不断侵入,当接触应力超过待破碎物料的抗压强度时,则物料发生破碎(图 5-38(a))。当 $t=2.25$ s 时,待破碎物料出现了部分剥离,但此时的物料粒径仍无法通过排料口排出破碎作业面(图 5-38(b))。随着破碎过程的进行(图 5-38(c)),初步破碎后的物料完全落入两齿辊间,并且此时的物料在齿辊的挤压和劈裂作用下进一步发生破碎。当待破碎物料被完全破碎时,其尺寸已经小于排料口尺寸,破碎后的物料从排料口排出,如图 5-38(d)所示。从上述物料的动态破碎过程可以看出,对于大块的物料,往往需要在破碎齿辊的多次作用下才能完成破碎过程,最终形成破碎产物并从破碎齿间隙中排出。

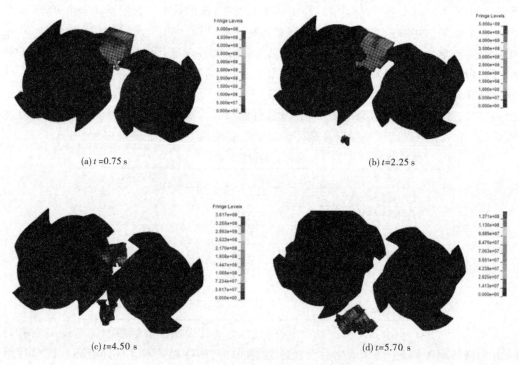

(a) t=0.75 s　　　　　　　　　(b) t=2.25 s

(c) t=4.50 s　　　　　　　　　(d) t=5.70 s

图 5-38　物料破碎的动态过程模拟

　　为了研究不同转速下破碎齿在冲击侵入待破碎物料时的应力变化情况,选取与物料发生接触的齿尖处单元的应力动态变化规律进行分析,所得结果如图 5-39 所示。可以看出,当破碎齿与待破碎物料接触后,齿尖处应力开始迅速增大,并在破碎齿劈裂侵入待破碎物料表面的瞬间齿尖应力陡增至最大值。当破碎齿侵入待破碎物料后,齿尖应力又急剧下降并逐渐趋于稳定。可见,在破碎过程中存在显著的冲击作用,并且破碎齿主要是依靠该冲击作用侵入并贯穿物料的表面,使物料发生初步的破碎。当破碎齿侵入待破碎物料后,齿面间的挤压作用使物料进一步发生破碎。另外,随着齿辊转速的增大,齿尖处在破碎过程中所承受的冲击应力和挤压应力逐渐增大。当齿辊转速由 100 r/min 增加至 250 r/min 时,齿尖处的冲击应力由 193.36 MPa 增加到了 441.33 MPa,而齿尖处的挤压应力则由 57.85 MPa 增加到了 223.44 MPa。

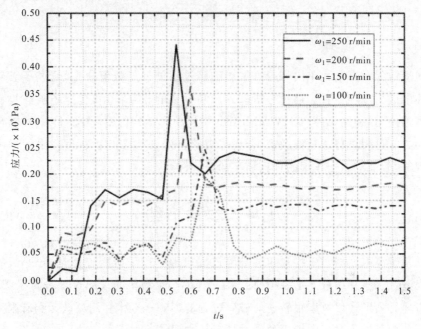

图 5-39　不同齿辊转速下齿尖处应力的动态变化曲线

　　由表 5-12 所列的不同转速下齿尖处的冲击应力和平均挤压应力模拟和理论结果对比可以看出,随着齿辊转速的增大,齿尖处的冲击应力和挤压应力模拟结果与理论值均逐渐增大。对于齿尖处的冲击应力,所得的模拟和理论结果之间的差别总体上均较小。当转速为 100 r/min 时,所得结果分别为 193.36 MPa 和 188.11 MPa,两者之间的误差仅为 2.79%。当转速为 150 r/min 时,两者之间的误差较大,达到了 12.74%。然而,当转速为 200 r/min 和 250 r/min 时,所得结果之间的误差分别为 3.56% 和 6.16%。对于齿尖处的挤压应力,所得的模拟和理论结果之间总体上也具有良好的一致性。当转速为 150 r/min 时,两者之间的误差最大,达到了 22.44%。当转速为 250 r/min 时,两者之间的误差最小,仅为 7.14%。由此可知,破碎过程模拟结果所得齿尖处的冲击应力值和挤压应力值与根据数学模型计算所得的结果整体上均具有良好的一致性,验证了破碎过程动力学模型的合理性。

表 5-12　　　　　　　　　　不同转速下齿尖处应力的模拟值和理论值对比

应力类型		转速/(r·min⁻¹)			
		250	200	150	100
冲击应力	模拟值/MPa	441.33	362.83	246.22	193.36
	理论值/MPa	470.28	376.22	282.17	188.11
	误差/%	6.16	3.56	12.74	2.79
挤压应力	模拟值/MPa	223.44	176.67	138.00	57.85
	理论值/MPa	208.58	159.18	112.71	69.29
	误差/%	7.12	10.99	22.44	16.51

5.3.3　小　结

利用离散元和有限元单向耦合方法对破碎过程进行了数值模拟，研究了破碎过程中齿辊整体的应力、应变情况，通过分析破碎齿和物料的相互作用，建立了破碎过程中冲击作用的理论模型，利用 ANSYS/Workbench 中的动力学分析模块 LS_DYNA 对齿环侵彻物料的动力学过程进行了数值模拟，分析了破碎齿侵入待破碎物料过程中的冲击应力动态变化规律，验证了冲击作用的理论模型的合理性。

5.4　本章小结

本章基于离散元法对矿物颗粒的破碎过程机理进行了研究。首先，开展了单颗粒物料的破碎过程试验和离散元法模拟研究；其次，对颗粒物料的破碎过程进行了数值模拟，分析了齿环排列形式以及齿辊转速对破碎过程的影响；最后，利用离散元和有限元单向耦合的方法分析了破碎过程中齿辊的受力情况。主要结论如下：

(1)将单颗粒物料破碎过程的试验研究结果与基于 Bonding 理论的破碎过程离散元法模拟结果相比较，验证了离散元模拟颗粒破碎过程的有效性。对基于不同 Bonding 模型的颗粒物料受压过程进行了 DEM 模拟，分析了不同 Bonding 模型的力学特征。结果表明，双正态分布形式的 Bonding 模型更符合真实矿物颗粒物料的力学特性。

(2)对不同齿环排布形式的齿辊破碎过程进行了离散元法模拟研究，分析了破碎产物的质量和破碎齿辊形式以及转速之间的关系。结果表明，当齿辊转速小于 150 r/min 时，破碎产物的质量会随着转速的提高而明显改善；而当齿辊转速高于 150 r/min 时，破碎产物的质量不再有明显的提高。转速相同时，螺旋排布式齿辊的破碎产物质量高于其他两种形式的破碎齿辊。

(3)对螺旋排布式齿辊的破碎过程进行了离散元法和有限元法的单向耦合模拟，研究了齿辊在破碎过程中的受力以及齿环的变形情况。结果表明，中间位置的齿环齿尖应变大于两侧齿环齿尖处的应变,齿尖处的最大变形量为 1.1 mm 左右。齿根处出现了应力集中现象,其最大应力值为 258 MPa。

(4)建立了破碎过程的理论模型,利用有限元动力学分析软件 ANSYS/LS-DYNA 对齿环侵彻物料的过程进行了动力学数值模拟,所得结果验证了数学模型的可靠性,获得了齿环齿尖处的冲击应力和齿辊转速的关系,得出了随着破碎齿辊转速的提高,齿尖处的冲击应力也随着增大的结论。

第6章

结论与展望

6.1 结 论

本书基于离散元法对典型筛分和破碎机械工作过程进行数值模拟研究。首先,对圆振动筛的筛分过程进行了数值模拟,研究了振动参数对筛分效率、筛面颗粒群运动速度以及筛面颗粒跳动次数的影响机理,并分析了颗粒形状对筛分过程的影响机理。其次,对滚轴筛的筛分过程进行了数值模拟研究,分析直线筛面和分段筛面滚轴筛的筛分过程机理,比较了3种不同盘片结构滚轴筛的筛分效率、筛面颗粒群运动速度和滚齿顶端的磨损程度。最后,基于离散元理论对齿辊破碎机的破碎过程机理进行了研究,开展了单颗粒物料破碎过程的试验和模拟研究,分析了齿环排列形式以及齿辊转速对破碎过程的影响,利用离散元和有限元单向耦合方法分析了破碎过程中破碎齿辊的受力情况。主要结论如下:

(1)随着模拟颗粒数量的增加,基于CPU的运算时间急剧增加,而基于GPU的运算时间则缓慢增加。当颗粒数量相同时,基于GPU的计算机图形学加速算法的运算效率比基于CPU的运算效率提高了约10倍。基于GPU的计算机图形学加速算法可显著提高离散元程序的运算效率,为提高大数量颗粒系统的离散元法模拟效率提供了新方法。

(2)在自制圆振动试验筛上进行筛分试验,并将所获得的不同工况下振动筛的筛分效率,高速动态分析系统获得的筛面颗粒群运动速度以及不同粒级颗粒的运动轨迹与DEM数值模拟结果比较。研究结果表明,当采用真实物理参数及振动参数时,DEM具有较高的模拟精度和可靠性,能够较准确地模拟颗粒及颗粒群的运动行为。

(3)圆振动筛分过程的试验和DEM模拟结果表明,当抛掷指数$D<3.3$时,筛面运动周期就是颗粒跳动次数,即筛面每振动一次,物料就出现一次跳动;振动频率与筛面颗粒群运动速度为二次函数关系,振幅与筛面颗粒群运动速度为正比例关系,而筛面长度的变化对速度几乎没有影响。

(4)分析了筛轴转速、筛面倾角和黏附能量密度对球形颗粒和非球形颗粒的筛分效率,以及筛面颗粒群运动速度的影响规律。结果表明,滚轴筛的筛轴转速对筛分效率的影响略大于筛面倾角,而筛轴转速和筛面倾角对筛分速度的影响均不明显。当筛轴转速为 60 r/min,筛面倾角为 6°时,筛分效果最佳。黏附能量密度对球形颗粒的筛分效率和筛分速度以及对非球形颗粒的筛分速度影响很小,但黏附能量密度增大时非球形颗粒的筛分效率会略微降低。

(5)筛轴转速对筛分效率的影响略大于筛面倾角,而筛轴转速和筛面倾角对筛分速度的影响均不明显。当筛轴转速为 60 r/min,筛面倾角为 6°时,筛分效果最佳。黏附能量密度对球形颗粒的筛分效率和筛分速度以及非球形颗粒的筛分速度影响很小,但黏附能量密度增大时非球形颗粒的筛分效率会略微降低。当采用筛面倾角为 0°-3°-6°-9°-12°的五段式筛面,筛轴转速为 60 r/min 时,筛分效果最佳。黏附能量对分段筛面上颗粒的筛分效率有较明显的影响作用,而对筛面颗粒群运动速度无明显的影响,并且非球形颗粒的筛分效率和筛面颗粒群运动速度均比相应的球形颗粒稍高。

(6)基于 Hertz-Mindlin with Archard Wear 模型和 Relative Wear 模型,分析了渐开线形盘片各处的累积接触能量和磨损深度,比较了盘片滚齿顶端切向累积接触力和法向累积接触力的大小,以及盘片形状为渐开线形、梅花形和三角形时各盘片滚轴筛的筛分效率、筛面颗粒群运动速度和滚齿顶端的磨损深度。结果表明,盘片齿顶部区域的磨损程度要大于其他各处,且其切向接触力远远大于法向接触力,磨损主要来自切向接触力。当采用渐开线形盘片时,筛分效果最佳,且齿顶部区域的最大磨损深度约为 1.94 mm。

(7)单颗粒物料破碎过程的试验结果与基于 Bonding 理论的破碎过程离散元法模拟结果相比较,验证了离散元模拟颗粒破碎过程的有效性。对基于不同 Bonding 模型的颗粒物料受压过程进行了离散元法模拟,分析了不同 Bonding 模型的力学特征。结果表明,双正态分布形式的 Bonding 模型更符合真实矿物颗粒物料的力学特性。

(8)对多颗粒物料的破碎过程进行了离散元法模拟研究,分析了破碎产物的质量与破碎齿辊结构形式以及转速之间的关系。结果表明,当齿辊转速小于 150 r/min 时,破碎产物的质量会随着转速的提高而明显改善;而当齿辊转速高于 150 r/min 时,破碎产物的质量不再有明显的提高。转速相同时,螺旋排布式齿辊的破碎产物质量高于其他两种形式的破碎齿辊。

(9)对螺旋排布式破碎齿辊的破碎过程进行了离散元和有限元的单向耦合数值模拟,研究了齿辊在破碎过程中的受力以及齿环的变形情况。结果表明,中间位置的齿环齿尖处的应变大于两侧齿环齿尖处的应变,齿尖处最大变形量为 1.1 mm 左右。齿根处出现了应力集中现象,其最大应力值为 258 MPa。

(10)建立了破碎过程的理论模型,利用有限元动力学分析软件 ANSYS/LS-DYNA 对齿环侵彻物料的过程进行了动力学数值模拟,所得结果验证了数学模型的可靠性。获得了齿环齿尖处的冲击应力和齿辊转速的关系,得出了随着破碎齿辊转速的提高,齿尖处的冲击应力也随着增大的结论。

6.2 展　望

本书基于物理试验和离散元法数值模拟研究了典型筛分和破碎机械的工作过程,在参数研究和结构改进方面取得了一定的成果,但限于研究水平和研究时间,目前的研究还存在一定的局限性。为了深入研究筛分和破碎机械的工作机理以及各参数的优化设计方法,以下几个方面仍需进一步的研究:

(1)为了提高离散元法程模拟的可靠性,需要进一步发展黏附颗粒接触模型,并且可考虑通过采用对真实物料颗粒形状的扫描技术构建更加精确的颗粒模型。

(2)颗粒黏附能量密度对筛分过程的影响仅为参数化研究,未建立黏附能量密度与煤炭颗粒含水量之间的定量化关系。

(3)搭建的齿辊破碎机试验模型机仅实现了齿环安装角度可调,未能对矿物颗粒破碎过程进行实时监测。在后续研究中,可以进一步完善试验系统,实现破碎过程中物料和设备之间相互作用的动态监测。

(4)在进行破碎过程的离散元法数值模拟时,需要进一步完善设备模型及物料形状等对破碎行为的影响,可进一步探究矿物颗粒的本构方程,考虑矿物颗粒中不同成分之间的相互关系及其物化性质对破碎过程的影响。

(5)研究物料对齿辊的作用时,仅利用 EDEM 和 ANSYS/Workbench 对破碎过程进行了单向耦合数值模拟。在后续研究中需要进一步实现破碎过程的双向动态耦合模拟研究,并结合物理试验分析齿辊的应力应变情况,为矿物颗粒破碎工艺提供更可靠的理论指导。

参考文献

[1] 严峰.筛分机械[M].北京:煤炭工业出版社,1995.

[2] 王峰.筛分机械的发展与展望[J].矿山机械,2004(1):37-39.

[3] 段志善,郭宝良.我国振动筛分设备的现状与发展方向[J].矿山机械,2009,37 (4):1-5.

[4] 谭兆衡.国内筛分设备的现状和展望[J].矿山机械,2004(1):34-37.

[5] 王淀佐.矿物加工学.中国现代科学全书[M].徐州:中国矿业大学出版 社,2003.

[6] 贺续文,刘忠,廖彪,等.基于离散元法的节理岩体边坡稳定性分析[J].岩土力 学,2011,32(7):2199-2204.

[7] 傅莉,宋晓梅.筛分机械的现状及其发展[J].沈阳大学学报,2000(2):32-34.

[8] 刘师多,张利娟,师清翔,等.微型小麦联合收获机旋风分离清选系统研究[J]. 农业机械学报,2006(6):45-48.

[9] Xiao J Z,Tong X. Particle stratification and penetration of a linear vibrating screen by the discrete element method[J]. International Journal of Mining Science and Technology,2012,22(3):357-362.

[10] Dong K J,Yu A B. Numerical simulation of the particle flow and sieving behaviour on sieve bend/low head screen combination[J]. Minerals Engineering,2012,31(4):2-9.

[11] Liu K S. Some factors affecting sieving performance and efficiency[J]. Powder Technology,2009,193(2):208-213.

[12] 陈惜明,彭宏,赵跃民.细粒难筛物料筛分机械的研究进展与发展趋势[J].煤 矿机械,2004(2):7-10.

[13] 彭会清,曹钊,曹永丹.筛分机械与筛分机理研究的现状及发展[J].矿山机械, 2009,37(15):105-109.

[14] 汪正保,鲍昌华,龚为.一种新型圆筒筛分装置的设计研究[J].机电产品开发 与创新,2012,25(3):58-59.

[15] Cleary P W. DEM prediction of industrial and geophysical particle flows[J]. Particuology,2010,8(2):106-118.

[16] Standish N,Meta I A. Some kinetic aspects of continuous screening[J]. Powder Technology,1985,41(2):165-171.

[17] Burtally N,King P J,Swift M R. Spontaneous air-driven separation in verti-

cally vibrated fine granular mixtures[J]. Science, 2002, 295(5561): 1877-1879.

[18] 赵宇轩,王银东.选矿破碎理论及破碎设备概述[J].中国矿业,2012,21(11): 103-105+109.

[19] 全文欣,张彬,庞玉荣,等.我国铁矿选矿设备和工艺的进展[J].国外金属矿选矿,2006(2):8-14.

[20] Rahimdel M J, Ataei M. Application of analytical hierarchy process to selection of primary crusher[J]. International Journal of Mining Science and Technology, 2014, 24(4):519-523.

[21] 吴建明.国内外选矿设备进展[J].有色设备,2000(6):1-5.

[22] 王全强.分级破碎机研究及应用现状[J].煤,2013,22(3):22-25.

[23] 韩宇杰,隋宝峰,王桂清,等.论现代破碎理论与破碎设备[J].山东工业技术,2015(1):20-21.

[24] Tavares L M, Das N P B. Microstructure of quarry rocks and relationships to particle breakage and crushing[J]. International Journal of Mineral Processing, 2008, 87(2):28-41.

[25] 胡国明.颗粒系统的离散元法分析仿真:离散元法的工业应用与 EDEM 软件简介[M].武汉:武汉理工大学出版社,2010.

[26] 魏群.散体单元法的基本原理数值方法及程序[M].北京:科学出版社,1991.

[27] Weerasekara N S, Powell M S, Cleary P W. The contribution of DEM to the science of comminution[J]. Powder Technology, 2013, 248:3-24.

[28] 王国强,郝万军,王继新.离散单元法及其在 EDEM 上的实践[M].西安:西北工业大学出版社,2010.

[29] 赵啦啦.振动筛分过程的三维离散元法模拟研究[D].中国矿业大学,2010.

[30] Lu G, Third J R, Muller C R. Discrete element models for non-spherical particle systems:From theoretical developments to applications[J]. Chemical Engineering Science, 2015, 127:425-465.

[31] 王泳嘉,邢纪波.离散单元法及其在岩土力学中的应用[M].沈阳:东北大学出版社,1991.

[32] 赵伏军,谢世勇,潘建忠,等.动静组合载荷作用下岩石破碎数值模拟及试验研究[J].岩土工程学报,2011,33(8):1290-1295.

[33] 唐长刚.LS-DYNA 有限元分析及仿真[M].北京:电子工业出版社,2014.

[34] 王泽鹏.ANSYS 14.5/LS-DYNA 非线性有限元分析实例指导教程[M].北京:机械工业出版社,2011.

[35] Lindqvist M, Evertsson M, Chenje T, et al. Influence of particle size on wear rate in compressive crushing[J]. Minerals Engineering, 2007, 19(13): 1328-1335.

[36] 申卫兵,张保平.不同煤阶煤岩力学参数测试[J].岩石力学与工程学报,2000,

19(S1):860-862.

[37] 程在在,丁启朔,丁为民,等.基于破碎行为的土壤切削实验与仿真研究[J].实验技术与管理,2011,28(2):98-100.

[38] 赵跃民,刘初升.干法筛分理论及应用[M].北京:科学出版社,1999.

[39] Gaudin A M. Principles of mineral dressing[M]. New York: Mcgraw-Hill Book Company Inc,1939.

[40] Taggart A F. Handbook of mineral dressing ores and industrial minerals [M]. New York: John Wiley & Sons Inc,1984.

[41] Mogensen F. A new method of screening granular materials[J]. The Quarry Managers,1965,10:409-414.

[42] Brereton T. Probability screening and the effect of major operating variables [J]. Filtration and Separation,1975,12(6):692-696.

[43] Brereton T, Dymott K R. Some factors which influence screen performance [J]. Proceedings on International Mineral Processing, London: Institution of Mining and Metallurgy,1974:181-194.

[44] 闻邦椿.振动筛、振动给料机、振动输送机的设计与调试[M].北京:化学工业出版社,1989.

[45] 谷庆宝,张恩广.复杂运动轨迹振动筛的研究[J].矿山机械,1998(1):42-44.

[46] 高顶,陆信.等厚筛分机的原理及应用[J].煤矿机械,1996(4):50-52.

[47] 冯忠绪,孟彩茹,宋红年,等.双频振动筛分原理[J].长安大学学报(自然科学版),2010,30(2):101-105.

[48] 刘初升,蒋小伟,张士民,等.变轨迹等厚筛振动方向角的计算及实验验证[J].中国矿业大学学报,2011,40(5):737-742.

[49] 周海沛,张士民,夏云飞,等.三轴变轨迹等厚振动筛运动学仿真[J].矿山机械,2011,39(3):76-79.

[50] 王宏,王忠贤,李峰,等.四轴强制同步变直线轨迹等厚振动筛动态特性[J].矿山机械,2012,40(11):69-73.

[51] 朱维兵,徐昌学,晏静江.复合轨迹振动筛的工作原理及计算机模拟[J].钻采工艺,2006(3):69-70,73.

[52] 侯勇俊,李国忠,刘洪斌,等.变直线振动筛工作原理及仿真[J].石油矿场机械,2003(6):17-19.

[53] 周先齐,徐卫亚,钮新强,等.离散单元法研究进展及应用综述[J].岩土力学,2007,28(S1):408-416.

[54] Zhu H P,Zhou Z Y,Yang R Y,et al. Discrete particle simulation of particulate systems: Theoretical developments [J]. Chemical Engineering Science,2006,62(13):3378-3396.

[55] Zhu H P,Zhou Z Y,Yang R Y,et al. Discrete particle simulation of particulate systems: A review of major applications and findings[J]. Chemical Engi-

neering Science,2008,63(23):5728-5770.

[56] 徐泳,孙其诚,张凌,等. 颗粒离散元法研究进展[J]. 力学进展,2003(2):
251-260.

[57] 蒋明镜,朱方园,申志福. 试验反压对深海能源土宏观力学特性影响的离散元
分析[J]. 岩土工程学报,2013,35(2):219-226.

[58] 蒋明镜,孙渝刚. 人工胶结砂土力学特性的离散元模拟[J]. 岩土力学,2011,32
(6):1849-1856.

[59] 徐国元,赵建平. 基于刚体离散元模型的矿岩散体流动规律[J]. 辽宁工程技术
大学学报(自然科学版),2009,28(1):24-27.

[60] 徐帅,安龙,冯夏庭,等. 急斜薄矿脉崩落矿岩散体流动规律研究[J]. 采矿与安
全工程学报,2013,30(4):512-517.

[61] 张宏. 基于离散元的沥青混合料细观力学研究进展[J]. 山西建筑,2010,36
(9):141-142.

[62] Combarros M,Feise H J,Zetzener H,et al. Segregation of particulate solids:
Experiments and DEM simulations [J]. Particuology,2014,12(1):25-32.

[63] Momozu M,Oida A,Yamazaki M,et al. Simulation of a soil loosening
process by means of the modified distinct element method[J]. Journal of
Terramechanics,2002,39(4):207-220.

[64] 张强. 选矿概论[M]. 北京:冶金工业出版社,1984.

[65] 谢广元. 选矿学[M]. 徐州:中国矿业大学出版社,2001.

[66] 田瑞霞,焦红光,白璟宇. 离散元法在矿物加工工程中的应用现状[J]. 选煤技
术,2012(1):72-76.

[67] Cleary P W,Sinnott M D. Simulation of particle flows and breakage in crush-
ers using DEM:Part 1-Compression crushers [J]. Minerals Engineering,
2015,74:178-197.

[68] Wang M H,Yang R Y,Yu A B. DEM investigation of energy distribution
and particle breakage in tumbling ball mills[J]. Powder Technology,2012,
223:83-91.

[69] Elias J. Simulation of railway ballast using crushable polyhedral particles
[J]. Powder Technology,2014,264:458-465.

[70] Djordjevic N,Morrison R. Exploratory modelling of grinding pressure within
a compressed particle bed[J]. Minerals Engineering,2006,19(10):995-1004.

[71] Cleary P W,Sinnott M D,Morrison R D. DEM prediction of particle flows in
grinding processes [J]. International Journal for Numerical Methods in Flu-
ids,2008,58(3):319-353.

[72] Jayasundara C T,Yang R Y,Guo B Y,et al. Effect of slurry properties on
particle motion in IsaMills[J]. Minerals Engineering,2009,22(11):886-892.

[73] Yang R Y,Jayasundara C T,Yu A B,et al. DEM simulation of the flow of

grinding media in IsaMill[J]. Minerals Engineering,2006,19(10):984-994.

[74] 张锐,李建桥,许述财,等.推土板切土角对干土壤动态行为影响的离散元模拟[J].吉林大学学报(工学版),2007(4):822-827.

[75] Fraige F Y,Langston P A,Chen G Z. Distinct element modelling of cubic particle packing and flow[J]. Powder Technology,2007,186(3):224-240.

[76] Cleary P. W. The effect of particle shape on simple shear flows[J]. Powder Technology,2007,179(3):144-163.

[77] 赵啦啦,刘初升,闫俊霞,等.颗粒分层过程三维离散元法模拟研究[J].物理学报,2010,59(3):1870-1876.

[78] 张恩来,童昕.基于DEM的振动筛分中松散机理的研究[J].矿山机械,2012,40(12):67-70.

[79] 李小冬,童昕,王桂锋.基于DEM的振动参数对颗粒筛分分层与透筛的研究[J].矿山机械,2012,40(5):83-89.

[80] Liao C C,Hsiau S S,Wu C S. Combined effects of internal friction and bed height on the Brazil-nut problem in a shaker[J]. Powder Technology,2014,253(20):561-567.

[81] 黄志杰,童昕.基于DEM的干燥微细粒群松散及分层的研究[J].郑州轻工业学院学报(自然科学版),2014,29(3):78-81.

[82] 周迪文,陈十一,蔡庆东.两种不同尺度的颗粒在水平振动容器内分离规律的模拟[J].计算物理,2006(5):559-563.

[83] 郭长睿,蔡绍洪,杨洋.单层水平振动颗粒系统中颗粒分离的研究[J].山东大学学报(理学版),2007(3):44-46+51.

[84] Mullin T. Coarsening of self-organized clusters in binary mixtures of particles[J]. Physical Review Letters,2000,84(20):4741-4744.

[85] Tennakoon S G K,Behringer R P. Vertical and horizontal vibration of granular materials:Coulomb friction and a novel switching state[J]. Physical Review Letters,1998,81(4):794-797.

[86] Schnautz T,Brito R,Kruelle C A,et al. A horizontal brazil-nut effect and its reverse[J]. Physical Review Letters,2005,95(2):1-4.

[87] Aumaitre S,Kruelle C A,Rehberg I. Segregation in granular matter under horizontal swirling excitation[J]. Physical Review E,2001,64(4):041305/1-4.

[88] Aumaitre S,Schnautz T,Kruelle C A,et al. Granular phase transition as a precondition for segregation[J]. Physical Review Letters,2003,90(11):114302/1-4.

[89] 姜泽辉,陆坤权,厚美瑛,等.振动颗粒混合物中的三明治式分离[J].物理学报,2003(9):2244-2248.

[90] 梁宣文,李粮生,侯兆国,等.垂直振动作用下二元混合颗粒分层的动态循环反

转[J]. 物理学报,2008(4):2300-2305.

[91] 赵永志,江茂强,郑津洋. 巴西果效应分离过程的计算颗粒力学模拟研究[J]. 物理学报,2009,58(3):1812-1818.

[92] Breu A P J,Ensner H M,Kruelle C A,et al. Reversing the brazil-nut effect:Competition between percolation and condensation[J]. Physical Review Letters,2003,90(1):014302/1-3.

[93] 赵啦啦,刘初升,闫俊霞,等. 不同振动模式下颗粒分离行为的数值模拟[J]. 物理学报,2010,59(4):2582-2588.

[94] Liu C S,Wang H,Zhao Y M,et al. DEM simulation of particle flow on a single deck banana screen[J]. International Journal of Mining Science and Technology,2013,23(2):277-281.

[95] 焦红光,赵跃民. 用颗粒离散元法模拟筛分过程[J]. 中国矿业大学学报,2007(2):232-236.

[96] Li J,Webb C,Pandiella S S,et al. A numerical simulation of separation of crop seeds by screening-effect of particle bed depth[J]. Food and Bioproducts Processing:Transactions in Chemical Engineering,2002,80(2):109-117.

[97] Li J,Webb C,Pandiella S S,et al. Discrete particle motion on sieves—a numerical study using the DEM simulation[J]. Powder Technology,2003,133(1):190-202.

[98] Cleary P W,Sawley M L. DEM modelling of industrial granular flows:3D case studies and the effect of particle shape on hopper discharge[J]. Applied Mathematical Modelling,2002,26(2):89-111.

[99] Cleary P W. Industrial particle flow modelling using discrete element method[J]. Engineering Computations,2009,26(6):698-743.

[100] Cleary P W. DEM simulation of industrial particle flows:case studies of dragline excavators,mixing in tumblers and centrifugal mills[J]. Powder Technology,2000,109(1):83-104.

[101] Hong C L,Yao M L,Fang G,et al. CFD-DEM simulation of material motion in air-and-screen cleaning device [J]. Computers and Electronics in Agriculture,2012,88:111-119.

[102] Fernandez J W,Cleary P W,Sinnott M. D. ,et al. Using SPH one-way coupled to DEM to model wet industrial banana screens[J]. Minerals Engineering,2011,24(8):741-753.

[103] Cleary P W. Prediction of coupled particle and fluid flows using DEM and SPH[J]. Minerals Engineering,2015,73(15):85-99.

[104] 李洪昌,李耀明,唐忠,等. 基于 EDEM 的振动筛分数值模拟与分析[J]. 农业工程学报,2011,27(5):117-121.

[105] Wang G F,Tong X. Study on influence of sieving parameters of vibration

screen on sieving efficiency based on DEM[J]. Mining and Processing E-quipment,2010,38(15):102-106.

[106] Chen Y H,Tong X. Application of the DEM to screening process:a 3D sim-ulation [J]. Mining Science and Technology,2009,19(4):493-497.

[107] 江海深,赵跃民,张博,等.基于 DEM 的筛面与物料特性在筛分过程中协同作用的研究[J].矿山机械,2014,42(1):83-87.

[108] 李菊,赵德安,沈惠平,等.基于 DEM 的谷物三维并联振动筛筛分效果研究[J].中国机械工程,2013,24(8):1018-1022.

[109] Tung K L,Chang T H,Lin Y F,et al. DEM simulation of a 3D vertical vi-bratory screening process:The study of a simulated woven-mesh structure.[J]. AIChE Journal,2010,57(4):918-928.

[110] 王宏,李珺,江海深,等.基于三维离散元法的等厚筛虚拟筛分[J].北京科技大学学报,2014,36(12):1583-1588.

[111] 汪晓华,李文昊,何磊,等.平面圆筛机筛分参数对筛分效率的影响[J].轻工机械,2013,31(3):8-12.

[112] 隋占峰.振动螺旋干法分选的 DEM 仿真研究[D].中国矿业大学,2014.

[113] 原丽丽.基于二维离散元法的 ZL-2 型联合收割机筛分过程仿真分析[D].吉林大学,2011.

[114] Delaney G W,Cleary P W,Hilden M,et al. Testing the validity of the spherical DEM model in simulating real granular screening processes[J]. Chemical Engineering Science,2012,68(1):215-226.

[115] 刘光焕,童昕,辛成涛.振动筛筛分过程的数值模拟及其进展[J].金属矿山,2008(9):104-106,110.

[116] Dong K J,Yu A B,Brake I. DEM simulation of particle flow on a multi-deck banana screen[J]. Minerals Engineering,2009,22(11):910-920.

[117] 江海深,赵跃民,段晨龙,等.基于三维离散元法的等厚筛筛分效率模拟研究[J].矿山机械,2013,41(11):103-107.

[118] Xiao Z J,Tong X. Characteristics and efficiency of a new vibrating screen with a swing trace [J]. Particuology,2013,11(5):601-606.

[119] 赵吉坤,姬长英.土颗粒四级筛分非线性特性离散元数值模拟研究[J].土壤通报,2013,44(6):1369-1373.

[120] Dong H L,Liu C S,Zhao Y M,et al. Influence of vibration mode on the screening process[J]. International Journal of Mining Science and Technol-ogy,2013,23(1):95-98.

[121] Unland G,Al-Khasawneh Y. The influence of particle shape on parameters of impact crushing[J]. Minerals Engineering,2008,22(3):220-228.

[122] 王尚炳,杨玉晶.破碎理论研究现状及发展综述[J].河南科技,2012(2):79.

[123] 高强,张建华.破碎理论及破碎机的研究现状与展望[J].机械设计,2009,26

(10):72-75.

[124] 任德树.粉碎筛分原理与设备[M].北京:冶金工业出版社,1984.

[125] 蔡赟烽,胡明振,刘超,等.破碎理论与数学模型发展综述[J].黑龙江科技信息,2008(4):48.

[126] Zhou B,Wang J F,Wang H B. A new probabilistic approach for predicting particle crushing in one-dimensional compression of granular soil[J]. Soils and Foundations,2014,54(4):833-844.

[127] 孙永宁,葛继,关航健.现代破碎理论与国内破碎设备的发展[J].江苏冶金,2007(5):5-8.

[128] Georg Unland P S. Coarse crushing of brittle rocks by compression[J]. International Journal of Mineral Processing,2004,74(1):209-217.

[129] 黄冬明,范秀敏,武殿梁,等.挤压类破碎机破碎产品粒度分析[J].机械工程学报,2008(5):201-207.

[130] Ito M,Owada S,Nishimura T,et al. Experimental study of coal liberation: Electrical disintegration versus roll-crusher comminution[J]. International Journal of Mineral Processing,2009,92(1):7-14.

[131] Olaleye B M. Influence of some rock strength properties on jaw crusher performance in granite quarry[J]. Mining Science and Technology,2010,20(2):204-208.

[132] Hanley K J,O'sullivan C,Huang X. Particle-scale mechanics of sand crushing in compression and shearing using DEM[J]. Soils and Foundations,2015,55(5):1100-1112.

[133] Liburkin R,Portnikov D,Kalman H. Comparing particle breakage in an uniaxial confined compression test to single particle crush tests—model and experimental results[J]. Powder Technology,2015,284:344-354.

[134] Bagherzadeh-Khalkhali A,Mirghasemi A A,Mohammadi S. Micromechanics of breakage in sharp-edge particles using combined DEM and FEM[J]. Particuology,2008(5):347-361.

[135] Russell A R,Wood D M,Kikumoto M. Crushing of particles in idealised granular assemblies[J]. Journal of the Mechanics and Physics of Solids,2009,57(8):1293-1313.

[136] 徐佩华,黄润秋,邓辉.颗粒离散元法的颗粒碎裂研究进展[J].工程地质学报,2012,20(3):410-418.

[137] 雷强.基于离散元的物料破碎机理研究[D].江西理工大学,2012.

[138] Xie W N,He Y Q,Zhu X N,et al. Liberation characteristics of coal middlings comminuted by jaw crusher and ball mill[J]. International Journal of Mining Science and Technology,2013,23(5):669-674.

[139] Delaney G W,Morrison R D,Sinnott M D,et al. DEM modelling of non-

spherical particle breakage and flow in an industrial scale cone crusher[J].
Minerals Engineering,2015,74:112-122.

[140] Quist J,Evertsson C M. Cone crusher modelling and simulation using DEM [J]. Minerals Engineering,2016,85:92-105.

[141] Tavares L M,Carvalho R M. Impact work index prediction from continuum damage model of particle fracture[J]. Minerals Engineering,2008,20(15): 1368-1375.

[142] Morrell S. Predicting the specific energy required for size reduction of relatively coarse feeds in conventional crushers and high pressure grinding rolls [J]. Minerals Engineering,2010,23(2):151-153.

[143] Refahi A,Mohandesi J A,Rezai B. Discrete element modeling for predicting breakage behavior and fracture energy of a single particle in a jaw crusher [J]. International Journal of Mineral Processing,2009,94(1):83-91.

[144] 郎平振,饶绮麟. 盘式辊压破碎机能耗模型及优化[J]. 煤炭学报,2014,39 (S2):555-562.

[145] Legendre D,Zevenhoven R. Assessing the energy efficiency of a jaw crusher [J]. Energy,2014,74:119-130.

[146] 李翔. 关于颚式破碎站的事故分析与技术改造[J]. 装备制造技术,2014(10): 112-114.

[147] 梁克敏,吴晓红,牛婷志. 浅析新型双齿辊破碎机的生产能力[J]. 矿山机械, 2009,37(15):87-89.

[148] 梁金刚. 煤用齿辊式破碎机的现状及新发展[J]. 选煤技术,2001(3):41-43.

[149] 丁昌安. 辊式破碎机的结构特点及应用[J]. 砖瓦,2006(10):81-82.

[150] Velletri P,Weedon D M. Comminution in a non-cylindrical roll crusher[J]. Minerals Engineering,2001,14(11):1459-1468.

[151] Maxton D,Morley C,Bearman R. A quantification of the benefits of high pressure rolls crushing in an operating environment[J]. Minerals Engineering,2003,16(9):827-838.

[152] Morrell S. Predicting the overall specific energy requirement of crushing, high pressure grinding roll and tumbling mill circuits[J]. Minerals Engineering,2009,22(6):544-549.

[153] Olawale J O,Ibitoye S A,Shittu M D,et al. A study of premature failure of crusher jaws[J]. Journal of Failure Analysis and Prevention,2011,11(6): 705-709.

[154] 黄鹏鹏,肖观发,李成,等. 基于 EDEM 的物料破碎效果仿真分析[J]. 矿山机械,2014,42(10):76-80.

[155] Numbi B P,Zhang J,Xia X. Optimal energy management for a jaw crushing process in deep mines[J]. Energy,2014,68:337-348.

[156] Lindqvist M, Evertsson C M. Development of wear model for cone crushers [J]. Wear, 2007, 261(3): 435-442.

[157] Dong G, Huang D M, Fan X M. Cone crusher chamber optimization using multiple constraints[J]. International Journal of Mineral Processing, 2009, 93(2): 204-208.

[158] Lee E, Evertsson M. A comparative study between cone crushers and theoretically optimal crushing sequences[J]. Minerals Engineering, 2011, 24(3): 188-194.

[159] Lee E, Evertsson M. Implementation of optimized compressive crushing in full scale experiments[J]. Minerals Engineering, 2013, 43(44): 135-147.

[160] Li H, Mcdowell G, Lowndes I. Discrete element modelling of a rock cone crusher[J]. Powder Technology, 2014, 263: 151-158.

[161] Deniz V. A new size distribution model by t-family curves for comminution of limestones in an impact crusher[J]. Advanced Powder Technology, 2011, 22(6): 761-765.

[162] Sinnott M D, Cleary P W. Simulation of particle flows and breakage in crushers using DEM: Part 2 – Impact crushers[J]. Minerals Engineering, 2015, 74: 163-177.

[163] Airikka P. Automatic feed rate control with feed-forward for crushing and screening processes[J]. IFAC-PapersOnLine, 2015, 48(17): 149-154.

[164] Soni S K, Shukla S C, Kundu G. Modeling of particle breakage in a smooth double roll crusher[J]. International Journal of Mineral Processing, 2008, 90 (1): 97-100.

[165] Kwon J, Cho H, Mun M, et al. Modeling of coal breakage in a double-roll crusher considering the reagglomeration phenomena[J]. Powder Technology, 2012, 232: 113-123.

[166] 蔡鹏. 基于离散元的双齿辊破碎机破碎性能分析与齿形优化[D]. 湖南大学, 2014.

[167] 毛瑞, 王波, 孔德文, 等. 基于 EDEM 的双齿辊破碎机虚拟样机生产率研究 [J]. 矿山机械, 2015, 43(7): 87-90.

[168] 王忠文. 双齿辊破碎机齿辊切向力的分析计算[J]. 选煤技术, 2006(4): 8-9.

[169] 王保强. SSC 大处理能力分级破碎机破碎齿应力分布仿真研究[J]. 煤炭工程, 2011(5): 116-118.

[170] 刘元周. 双齿辊破碎机破碎齿及齿环强度刚度研究[D]. 吉林大学, 2014.

[171] 马会永. 基于离散元方法的双齿辊破碎机的仿真[J]. 机电产品开发与创新, 2015, 28(1): 103-104+77.

[172] 臧峰, 王忠宾, 赵啦啦. 新型双齿辊破碎机的研制与运动仿真[J]. 煤矿机械, 2008, 29(3): 125-127.

[173] Zhao L L,Wang Z B,Zang F. Multi-object optimization design for differential and grading toothed roll crusher using a genetic algorithm[J]. Journal of China University of Mining and Technology 2008,18(2):316-320.

[174] 王明杰. 双齿辊破碎机齿形和辊齿布置设计[J]. 煤炭技术,2009,28(10): 14-16.

[175] 肖立春,赵振宇,董俊杰,等. 双齿辊破碎机齿形结构及布置方式[J]. 洁净煤技术,2013,19(2):110-112.

[176] 张雪峰,潘永泰. 基于 ANSYS Workbench 的双齿辊破碎机模态分析[J]. 煤矿机械,2013,34(2):105-107.

[177] 宋景哲. 双齿辊破碎机主轴动态特性分析[J]. 煤矿机械,2015,36(10): 127-129.

[178] Hertz H. On the contact of solid elastic bodies[J]. Kronecker J XCII,1882: 156-171.

[179] Bradley R. The cohesive force between solid surfaces and the surface energy of solids[J]. Philosophical Magazine,1932,13(86):853-862.

[180] Johnson K L,Kendall K,Roberts A D. Surface energy and the contact of elastic solids[J]. Proceedings of the Royal Society of London,1971,324 (1558):301-313.

[181] Daniel M. Adhesion of spheres:The JKR-DMT transition using a dugdale model[J]. Journal of Colloid and Interface Sciencc,1992,150(1):243-269.

[182] Derjaguin B V,Muller V M,Toporov Y P. Effect of contact deformations on the adhesion of particles[J]. Journal of Colloid and Interface Science,2010, 53(2):314-326.

[183] Muller V M. On the influence of molecular forces on the deformation of an elastic sphere and its sticking to a rigid plane[J]. Progress in Surface Science,1994,45(1-4):157-167.

[184] 王妙一,王斌,雍俊海. GPU 上的水彩画风格实时渲染及动画绘制[J]. 图学学报,2012,33(3):73-80.

[185] 袁斌. 基于曲率的 GPU 光线投射[J]. 图学学报,2012,33(6):24-30.

[186] Cleary P W,Robinson G K,Golding M J,et al. Understanding factors leading to bias for falling-stream cutters using discrete element modelling with non-spherical particles[J]. Chemical Engineering Science,2008,63(23): 5681-5695.

[187] 尹守仁. 筛分基础理论和筛分过程物料运动规律的研究[M]. 徐州:中国矿业大学出版社,1999.

[188] 韦鲁滨,陈清如. 煤用概率分级筛数学模型的研究[J]. 煤炭学报,1995(1): 57-62.

[189] 闻邦椿,刘树英,何勋. 振动机械的理论与动态设计方法[M]. 北京:机械工业

出版社,2002.

[190] 《选矿手册》编辑委员会编.选矿手册:第二卷第一分册[M].北京:冶金工业出版社,1993.

[191] 濮良贵.机械优化设计[M].西安:西北工业大学出版社,1991.

[192] 刘喜韬.香蕉形滚轴筛设计与主要参数的确定[J].电力建设,2000(6):29-32.

[193] 王长虹.振动筛与滚轴筛在电厂输煤系统中的应用分析[J].广东科技,2012,21(3):187-188.

[194] 鲍春永.基于 DEM 的振动筛分过程机理研究[D].中国矿业大学,2016.

[195] 贺孝梅.超静定网梁结构大型振动筛动态设计研究[D].中国矿业大学,2009.

[196] 吴俊,袁大军,李兴高,等.盾构刀具磨损机理及预测分析[J].中国公路学报,2017,30(8):109-116.

[197] 张延强.WK-75 型矿用挖掘机斗齿的磨损分析及结构改进[D].太原理工大学,2016.